大数据技术与应用

主编 黄风华

哈尔滨工业大学出版社
HARBIN INSTITUTE OF TECHNOLOGY PRESS

内 容 简 介

本书全面介绍了大数据及其相关的基础知识,由浅入深地剖析了大数据的分析处理方法和技术手段,突出介绍了大数据最新的发展趋势和技术成果。

本书共 12 章,主要内容包括绪论、大数据存储技术、数据仓库、数据挖掘与分析技术、NoSQL、Hadoop 与 MapReduce、HDFS、Spark、大数据可视化、大数据应用案例、大数据发展动态、大数据开发实践——基于 Hadoop 的城市公租车营运行为分析等。

本书可作为高等院校大数据技术专业的基础教材,也可作为职业培训教育及相关技术人员的参考用书。

图书在版编目(CIP)数据

大数据技术与应用/黄风华主编. —哈尔滨:哈
尔滨工业大学出版社,2019.1(2021.8重印)
ISBN 978 - 7 - 5603 - 7972 - 2

Ⅰ.①大… Ⅱ.①黄… Ⅲ.①数据处理-高等
学校-教材 Ⅳ.①TP274

中国版本图书馆 CIP 数据核字(2019)第 027415 号

策划编辑	闻 竹	
责任编辑	刘 瑶	
出版发行	哈尔滨工业大学出版社	
社 址	哈尔滨市南岗区复华四道街 10 号 邮编:150006	
传 真	0451 - 86414749	
网 址	http://hitpress. hit. edu. cn	
印 刷	哈尔滨圣铂印刷有限公司	
开 本	787mm×1092mm 1/16 印张 14.75 字数 322 千字	
版 次	2019 年 1 月第 1 版 2021 年 8 月第 3 次印刷	
书 号	ISBN 978 - 7 - 5603 - 7972 - 2	
定 价	48.00 元	

(如因印装质量问题影响阅读,我社负责调换)

前　言

由于互联网和信息行业的快速发展，大数据（Big Data）越来越引起人们的关注，已经引发自互联网、云计算之后 IT 行业的又一大颠覆性的技术革命。面对信息的激流，多元化数据的涌现，大数据已经为个人生活、企业经营，甚至国家与社会的发展都带来了机遇和挑战，成为 IT 信息产业中最具潜力的蓝海。人们用大数据来描述和定义信息爆炸时代产生的海量数据，并命名与之相关的技术发展与创新。云计算主要为数据资产提供了保管、访问的场所和渠道，而数据才是真正有价值的资产。企业内部的经营信息、互联网世界中的商品物流信息，以及互联网世界中的人与人交互信息、位置信息等，其数量将远远超越现有企业 IT 架构和基础设施的承载能力，实时性要求也大大超越现有的计算能力。如何盘活这些数据资产，使其为国家治理、企业决策乃至个人生活服务，是大数据的核心议题，也是云计算内在的灵魂和必然的发展方向。

大数据即将带来一场颠覆性的革命，它将推动社会生产取得全面进步，助推金融、医疗、教育、零售、制造业、能源和交通等行业产生根本性的变革。大数据是一个事关国家、社会发展全局的产业，围绕产业链的上下游，大数据将带动智能终端、服务器和信息服务业等产业发展，有效减少社会运行成本，提高社会和经济运行效率。

为了在信息时代立于不败之地，了解大数据相关的知识是必要的。本书全面阐释了大数据的概念、相关技术和应用现状，由浅入深地剖析了大数据的分析处理方法和技术手段，突出介绍了大数据最新的发展趋势和技术成果，使读者对大数据的相关技术和应用有一个比较清晰的认识。本书在内容的选择上进行了深入的研究，使得不论是大数据领域的初学者还是具备一定相关知识的专业人员，都能从书中得到一定的收获和启发。

本书共 12 章，主要内容包括绪论、大数据存储技术、数据仓库、数据挖掘与分析技术、NoSQL、Hadoop 与 MapReduce、HDFS、Spark、大数据可视化、大数据应用案例、大数据发展动态、大数据开发实践——基于 Hadoop 的城市公租车营运行为分析等。本书可作为高等院校大数据技术专业的基础教材，也可作为职业培训教育及相关技术人员的参考用书。

本书的出版得到了阳光学院 2016 年福建省高等学校创新创业教育改革试点专业项目（网络工程，编号：2016sjzy02）和 2016 福建省高等学校精品资源共享课程项目（数据库原理与应用，编号：2016sjjp01）的资助。此外，在本书的编写过程中，阳光学院的欧阳林艳、俞颖、陆林花和曹俊都提出了许多宝贵的意见，谢小烽、邓小康和连彬彬协助完成本书第12章的编写，在此谨向以上各位老师和同学们表示由衷的感谢！

由于编者水平所限，书中难免有疏漏和不妥之处，恳请广大读者批评指正。

编　者

2018 年 8 月

目　录

第1章

绪　论

〜〜〜〜〜〜〜〜〜〜〜〜〜〜〜〜〜〜〜〜〜〜〜〜〜〜〜〜〜〜〜〜〜〜〜〜〜

所谓大数据，从狭义上可定义为：难以用现有的一般技术管理的大量数据的集合。对大量数据进行分析，并从中获得有用的观点，这种做法在一部分研究机构和大企业中早已存在。现在的大数据和过去相比，主要有3点区别：第一，随着社交媒体和传感器网络等的发展，正产生出大量且多样的数据；第二，随着硬件和软件技术的发展，数据的存储和处理成本大幅下降；第三，随着云计算的兴起，大数据的存储和处理环境已经没有必要自行搭建。

通过分析顾客与公司之间的交互数据，可以得到相关交易数据产生的背景信息。目前，网上（线上）交互数据的采集与分析正先行一步，但今后，对线下及O2O（Online to Offline）交互数据的分析将变得愈发重要。

1.1　什么是大数据

人类的数字世界包括上传到手机中的图像和视频、用于高清电视的数字电影、ATM机中的银行数据、机场和重要活动的安全录像（比如奥林匹克运动会）、欧洲原子能研究机构（CERN）中大型强子对撞机的亚原子碰撞记录、优步专车的拼车路线记录、通过移动网络传输的微信语音通话以及用于日常沟通的短信文本等。

根据 IDC[①]《数字世界》研究项目的统计，2010 年全球数字世界的规模首次达到了 ZB（1 ZB＝1 万亿 GB）级别（1.227 ZB）；而 2005 年这个数字只有 130 EB，基本上 5 年增长了 10 倍。这种爆炸式的增长，意味着到 2020 年，数字世界的规模将达到 40 ZB，即 15 年增长 300 倍。如果单就数量而言，40 ZB 相当于地球上所有海滩上的沙粒数量的 57 倍。如果用蓝光光盘保存所有这些 40 ZB 数据，这些光盘的质量（不包括任何光盘套和光盘盒）将相当于 424 艘尼米兹级航空母舰的质量（满载排水量约 10 万 t），或者相当于世界上每个人拥有 5 247 GB 的数据。无疑，现在已经进入了"大数据"时代。

和之前的一些 IT 流行语一样，"大数据"也是一个起源于欧美的词汇。在一些以大数据为主题的报告中，经常会引用 2010 年 2 月出版的《经济学家》杂志中一篇题为 *The data deluge* 的文章。deluge 的中文意思是"大泛滥、大洪水""大量"。因此，这篇文章的标题直译出来，就是"数据洪流"或"海量数据"。自这篇文章问世以来，大数据作为热门话题的出镜率便急剧上升，因此可以肯定的是，这篇文章是大数据备受瞩目的一个重大契机。

基本知识：字节大小。

字节最小的基本单位是 Byte（B），按照进率 1 024（即 2 的十次方）计算，顺序给出如下。

1 B＝8 bit（位），一个英文字符。

1 KB＝1 024 B，一个句子或一段话。

1 MB＝1 024 KB，一个 20 页的幻灯片演示文稿或一本小书。

1 GB＝1 024 MB，书架上 9 m 长的书。

1 TB＝1 024 GB，300 h 的优质视频、美国国会图书馆存储容量的 1/10。

1 PB＝1 024 TB，35 万张数字照片。

1 EB＝1 024 PB，1999 年全世界生成的信息的一半。

1 ZB＝1 024 EB，暂时无法想象。

1 YB＝1 024 ZB

1 DB＝1 024 YB

1 NB＝1 024 DB

2011 年 5 月，美国麦肯锡全球研究院（MGI）发表了一篇名为 *Big Data：The Next Frontier for Innovation，Competition and Productivity*（《大数据：未来创新、竞争、生产力的指向标》）的研究报告，"大数据"（图 1-1）这个关键词便开始沿用至今。不过，最先对如何面对庞大数据这一问题进行剖析的，应该还是《经济学家》杂志中的那篇文

---

① ①IDC：指国际数据公司（International Data Corporation），是全球著名的信息技术、电信行业和消费科技市场咨询、顾问和活动服务专业提供商。

章。从 2012 年开始，大数据成了 IT 业界关注度不断提高的关键词之一。

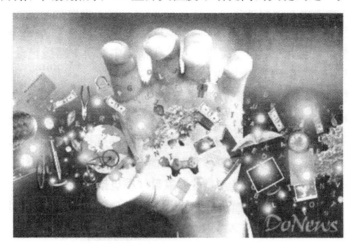

图 1-1 大数据时代

1.1.1 大数据的定义

所谓大数据，是指用现有的一般技术难以管理的大量数据的集合，即所涉及的资料量规模巨大到无法通过目前主流软件工具，在合理时间内实现获取、管理、处理，并使之成为有效的辅助企业经营决策的信息。

所谓"用现有的一般技术难以管理"，是指用目前在企业数据库占据主流地位的关系型数据库无法进行管理的、具有复杂结构的数据，或者也可以说，是指由于数据量的增大，导致对数据的查询（Query）响应时间超出允许范围的庞大数据。

研究机构 Gartner 给出了这样的定义：大数据是需要新的处理模式，才能使用户具有更强的决策力、洞察发现力和流程优化能力，以及海量、高增长率和多样化的信息资产。

麦肯锡说："大数据指的是所涉及的数据集规模已经超过了传统数据库软件获取、存储、管理和分析的能力。这是一个被故意设计成主观性的定义，并且是一个关于多大的数据集才能被认为是大数据的可变定义，即并不定义大于一个特定数字的 TB 才称为大数据。因为随着技术的不断发展，符合大数据标准的数据集容量也会增长；并且定义随不同的行业也有变化，这依赖于在一个特定行业通常使用何种软件和数据集有多大。因此，大数据在今天不同行业中的范围可以从几十 TB 到几 PB。"

如今，"大数据"这一通俗直白、简单朴实的名词，已经成为最火爆的 IT 行业词汇，随之，数据仓库、数据安全、数据分析和数据挖掘等围绕大数据商业价值的利用正逐渐成为行业人士争相追捧的利润焦点，在全球引领了又一轮数据技术革新的浪潮。

1.1.2 用 3V 描述大数据的特征

从字面来看，"大数据"这个词可能会让人觉得只是容量非常大的数据集合而已。但容量只不过是大数据特征的一个方面，如果只拘泥于数据量，就无法深入理解当前围绕大数据所进行的讨论。因为"用现有的一般技术难以管理"这样的状况，并不仅仅是由于数据量增大这一个因素所造成的。

IBM说："可以用3个特征相结合来定义大数据：数量（Volume，或称容量）、种类（Variety，或称多样性）和速度（Velocity），或者就是简单的3V，即庞大容量、极快速度和种类丰富的数据。"按数量、种类和速度来定义的大数据如图1-2所示。

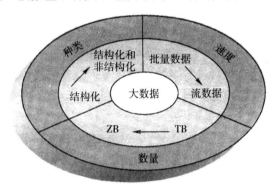

图1-2　按数量、种类和速度来定义的大数据

1. 数量（Volume）

用现有技术无法管理的数据量，从现状来看，基本上是指从几十TB到几PB这样的数量级。当然，随着技术的进步，这个数值也会不断变化。

如今，存储的数据数量正在急剧增长中，存储的事物包括环境数据、财务数据、医疗数据和监控数据等。有关数据量的对话已从TB级别转向PB级别，并且不可避免地会转向ZB级别。可是，随着可供企业使用的数据量的不断增长，可处理、理解和分析的数据的比例却不断下降。

2. 种类或多样性（Variety）

随着传感器、智能设备及社交协作技术的激增，企业中的数据也变得更加复杂，因为它不仅包含传统的关系型数据，还包含来自网页、互联网日志文件、搜索索引、社交媒体论坛、电子邮件、文档、主动和被动系统的传感器数据等原始、半结构化和非结构化数据。

这里的种类是表示所有的数据类型。其中，爆发式增长的一些数据，如互联网上的文本数据、位置信息、传感器数据和视频等，用企业中主流的关系型数据库是很难存储的，它们都属于非结构化数据。

当然，在这些数据中，有一些是过去就一直存在并保存下来的。和过去不同的是，这些大数据并非只是存储起来就够了，还需要对其进行分析，并从中获得有用的信息。例如，监控摄像机中的视频数据。近年来，超市、便利店等零售企业几乎都配备了监控摄像机，其最初目的是防范盗窃，但现在也出现了使用监控摄像机的视频数据来分析顾客购买行为的案例。

例如，美国高级文具制造商万宝龙（Montblanc）过去是凭经验和直觉来决定商品陈列布局的，现在尝试利用监控摄像头对顾客在店内的行为进行分析。通过分析监控摄像机记录的数据，将最想卖出去的商品移动到最容易吸引顾客目光的位置，使得销售额提高了20%。

美国移动运营商 T-Mobile 也在其全美1 000 家店中安装了带视频分析功能的监控摄像机，它可以统计来店人数，还可以追踪顾客在店内的行动路线、在展台前停留的时间，甚至是试用了哪一款手机、试用了多长时间等，对顾客在店内的购买行为进行分析。

3. 速度（Velocity）

数据产生和更新的频率也是衡量大数据的一个重要特征。就像所收集和存储的数据量及种类发生了变化一样，生成和处理数据的速度也在变化。不要将速度的概念限定为与数据存储库相关的增长速率，应动态地将此定义应用到数据，即数据流动的速度。有效处理大数据需要在数据变化的过程中对它的数量和种类进行分析，而不只是在它静止后进行分析。

例如，遍布全国的便利店在24 小时内产生的 POS 机数据，电商网站中由用户访问所产生的网站点击流数据，高峰时达到每秒近万条的微信短文，以及全国公路上安装的交通堵塞探测传感器和路面状况传感器（可检测结冰、积雪等路面状态）等，每天都在产生着庞大的数据。

IBM 在 3V 的基础上又归纳总结了第四个 V-Veracity（真实和准确）。"只有真实而准确的数据才能让对数据的管控和治理真正有意义。随着社交数据、企业内容、交易与应用数据等新数据源的兴起，传统数据源的局限性被打破，企业愈发需要有效的信息治理以确保其真实性和安全性。"

IDC（互联网数据中心）说："大数据是一个貌似不知道从哪里冒出来的大的动力。但是实际上，大数据并不是新生事物。然而，它确实正在进入主流，并得到重大关注，这是有原因的。廉价的存储、传感器和数据采集技术的快速发展，通过云和虚拟化存储设施增加的信息链路，以及创新软件和分析工具，正在驱动着大数据。大数据不是一个'事物'，而是一个跨多个信息技术领域的动力/活动。大数据技术描述了新一代的技术和架构，其被设计用于：通过使用高速（Velocity）的采集、发现和/或分析，从超大容量（Volume）的多样（Variety）数据中经济地提取价值（Value）。"

这个定义除了揭示大数据传统的 3V 基本特征，即 Volume（大数据量）、Variety（多样性）和 Velocity（高速）外，还增添了一个新特征——Value（价值）。

一个大数据实现的主要价值可以基于下面 3 个评价准则中的一个或多个进行评判。

（1）它提供了更有用的信息吗？

（2）它改进了信息的精确性吗？

（3）它改进了响应的及时性吗？

事实上，大数据或者说"极限信息"（Extreme Information）具有 12 个维度（象限）。图 1-3 展示了极限信息管理的 3 个层次和 12 个象限。

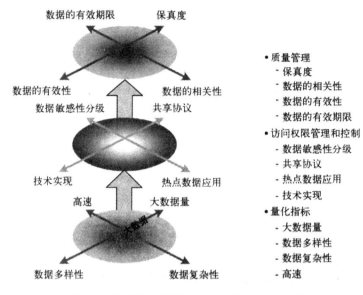

图 1-3　极限信息管理的 3 个层次和 12 个象限

最下面一层"量化指标"指的是大数据的基本特征，即大数据量、多样性和高速，即传统的 3V 概念。另外还加上了"复杂性"（Complexity），包括空间维、时间维等多种数据复杂性。大数据解决方案应首先考虑以这些问题为出发点。然而，解决这 4 个方面的问题只是大数据解决方案的基础，用以支撑起大数据平台，在这之上还有很多问题需要解决。

第二层"访问权限管理和控制"有很多关于访问权限的问题。数据的敏感性是一个很基础的问题，但到现在为止，基于现有的技术和管理手段，还没有对数据的敏感性进行分析的优秀的解决方案。所谓共享协议，即数据将会以什么形式、什么格式和时间点通过什么样的接口实现这些共享和数据的交换，这是大数据的重点问题之一。数据交换的所有方式都是以标准的协议来支持的，因为在大数据时代，数据的来源本身是多样性的，数据的格式甚至是无法管理的，还有很多数据来自企业外部，来自互联网的提供商，到底如何通过这些协议自动将数据放到数据仓库里面来，在这种情况下，数据的共享协议是一个很关键的问题。至于热点数据，在大数据时代，数据管理与传统的方式有非常明显的差别。传统的数据管理会把单独的时间点作为一个热点数据，但是在大数据时代，热点数据有可能是并行的多个。这些热点数据之间实际上是有可能有联系的。由于各种事件的相互触发，这些热点数据可能同时出现，而且是相互关联的，甚至是可以预测的。所以说在大数据时代，热点数据的管理也是一个重要话题。

最上面一层"质量管理"也是传统数据管理中非常重要的一个方面。这里面提到的有效性和有效期限,都有明确的技术工具来解决。但到现在为止,在这些方面还是非常依赖传统的数据仓库工具,而没有专门针对大数据的工具和技术能够解决这些问题。其结果是,大数据应用一方面受制于用户接受的程度,另一方面也受制于技术。现在看来,很多用户仍然必须依赖传统的数据管理的解决方案,而只能拿大数据的技术作为一个前台来做一些预处理。因为它缺少相应的技术和工具的支持。所以,大数据从 12 个维度的角度来说还处于初级阶段,因为里面一些非常基本的问题到现在还没有解决。大数据的形态有很多,现在仍然是雏形阶段。数据的集成,尤其是跨行业、跨部门、跨各种技术能集成起来的机会还是非常少的。

除了业内主流的以大数据 3V 特征为基础的定义外,还有使用 3S 或者 3I 来描述大数据特征的定义。

3S 分别是 Size(大小)、Speed(速度)和 Structure(结构)。实际上,这个维度的特征与 3V 异曲同工,除了用词的不同,并没有太大的差别。

关于大数据的 3I,介绍如下。

(1) Ill-defined(定义不明确的):多个主流的大数据定义都强调了数据的规模需要超过传统方法的处理能力。而随着技术的进步,数据分析的效率不断提高,符合大数据定义的数据规模也会相应地不断变大,因而并没有一个明确的标准。

(2) Intimidating(令人生畏的):从管理大数据到使用正确的工具获取它的价值,利用大数据的过程充满了各种挑战。

(3) Immediate(即时的):数据的价值会随着时间快速衰减。因此,为了保证大数据的可控性,需要通过减少数据收集到获得数据洞察之间的时间,使得大数据成为真正的即时大数据。这意味着能尽快地分析数据对获得竞争优势是至关重要的。

总之,大数据是一个动态的定义,不同行业根据其应用的不同有着不同的理解,其衡量标准也在随着技术的进步而改变。

1.1.3 广义的大数据

前面关于大数据定义的着眼点仅仅在于数据的性质上,因此将其视为狭义上的定义,并在广义层面上再为大数据下一个定义,如图 1-4 所示。

所谓大数据,是一个综合性概念,它包括因具备 3V(Volume、Variety 和 Velocity)特征而难以进行管理的数据,对这些数据进行存储、处理和分析的技术,以及能够通过分析这些数据获得实用意义和观点的人才与组织。

所谓"存储、处理和分析的技术",指的是用于大规模数据分布式处理的 Hadoop 或 Spake 等框架,具备良好扩展性的 NoSQL 数据库,以及机器学习和统计分析等。所谓"能够通过分析这些数据获得实用意义和观点的人才与组织",指的是目前十分紧俏的"数据科学家"这类人才,以及能够对大数据进行有效运用的组织。

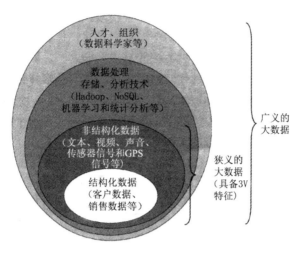

图 1-4　广义的大数据

1.2　大数据的结构类型

　　大数据具有多种形式，从高度结构化的财务数据，到文本文件、多媒体文件和基因定位图的任何数据，都可以称为大数据。数据量大是大数据的一致特征。由于数据自身的复杂性，作为一个必然的结果，处理大数据的首选方法就是在并行计算的环境中进行大规模并行处理（Massively Parallel Processing，MPP），这使得同时发生的并行摄取、并行数据装载和分析成为可能。实际上，大多数的大数据都是非结构化或半结构化的，这需要不同的技术和工具来处理与分析。

　　大数据最突出的特征是它的结构。图 1-5 显示了几种数据结构类型数据的增长趋势。由图 1-5 可知，未来数据增长的 80%～90% 将来自不是结构化的数据类型（半结构化、"准"结构化和非结构化）。

　　虽然图 1-5 显示了 4 种不同的、相分离的数据类型，实际上，有时这些数据类型是可以被混合在一起的。例如，有一个传统的关系数据库管理系统保存着一个软件支持呼叫中心的通话日志，这里有典型的结构化数据，比如日期/时间戳、机器类型、问题类型和操作系统，这些都是在线支持人员通过图形用户界面上的下拉式菜单输入的。另外，还有非结构化数据或半结构化数据，比如自由形式的通话日志信息，这些可能来自包含问题的电子邮件，或者技术问题和解决方案的实际通话描述。另外一种可能是与结构化数据有关的实际通话的语音日志或者音频文字实录。即便是现在，大多数分析人员还无法分析这种通话日志历史数据库中的最普通和高度结构化的数据，因为挖掘文本信息是一项强度很大的工作，并且无法简单地实现自动化。

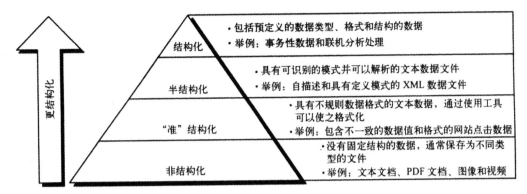

图1-5 数据增长日益趋向非结构化

人们通常最熟悉结构化数据的分析，然而，半结构化数据（XML）、"准"结构化数据（如网站地址字符串等）和非结构化数据代表了不同的挑战，需要不同的技术来分析。

1.3 大数据的发展

大数据本身并不是一个新的概念。特别是仅仅从数据量的角度来看，大数据在过去就已经存在了。例如，波音的喷气发动机每30 min就会产生10 TB的运行信息数据，安装有4台发动机的大型客机，每次飞越大西洋就会产生640 TB的数据。世界各地每天有超过2.5万架飞机在工作，可见其数据量是何等庞大。生物技术领域中的基因组分析，以及以NASA（美国国家航空航天局）为中心的太空开发领域，从很早就开始使用十分昂贵的高端超级计算机来对庞大的数据进行分析和处理了。

现在和过去的区别之一，就是大数据不仅产生于特定领域中，还产生于人们每天的日常生活中，微信、Facebook（脸书）和Twitter（推特）等社交媒体上的文本数据就是最好的例子。而且，尽管人们无法得到全部数据，但大部分数据可以通过公开的API（应用程序编程接口）相对容易地进行采集。在B2C（商家对顾客）企业中，使用文本挖掘（Text Mining）和情感分析等技术，就可以分析消费者对自家产品的评价。

1.3.1 硬件性价比的提高与软件技术的进步

计算机性价比的提高，磁盘价格的下降，利用通用服务器对大量数据进行高速处理的软件技术Hadoop的诞生，以及随着云计算的兴起，甚至已经无须自行搭建这样的大规模环境，上述这些因素大幅降低了大数据存储和处理的门槛。因此，过去只有像NASA这样的研究机构及屈指可数的几家特大企业才能做到对大量数据的深入分析，现在只需极小的成本和极短的时间就可以完成。无论是刚刚创业的公司还是存在多年的公司，也无论是中小企业还是大企业，都可以对大数据进行充分利用。

1. 计算机性价比的提高

承担数据处理任务的计算机，其处理能力遵循摩尔定律，一直在不断进化。所谓摩尔定律，是美国英特尔公司共同创始人之一的高登·摩尔（Gordon Moore）于 1965 年提出的一个观点，即"半导体芯片的集成度，大约每 18 个月会翻一番"。从家电卖场中所陈列的计算机规格指标就可以一目了然地看出，现在以同样的价格能够买到的计算机，其处理能力已经和过去不可同日而语了。

2. 磁盘价格的下降

除了 CPU 性能的提高，硬盘等存储器（数据的存储装置）的价格也在明显下降。2000 年的硬盘驱动器平均每 GB 容量的单价为 16～19 美元，而现在只有 7 美分。

变化的不仅仅是价格，存储器在质量方面也有了巨大进步。1982 年日立公司最早开发的超 1 GB 级硬盘驱动器（容量为 1.2 GB），质量约为 250 lb（约合 113 kg）。而现在，32 GB 的微型 SD 卡质量却只有 0.5 g 左右，技术进步的速度相当惊人。

3. 大规模数据分布式处理技术 Hadoop 的诞生

Hadoop 是一个可以在通用服务器上运行的开源分布式处理软件，它的诞生成为目前大数据浪潮的第一推动力。如果只是结构化数据不断增长，用传统的关系型数据库和数据仓库，或者其衍生技术，就可以进行存储和处理了，但这样的技术无法对非结构化数据进行处理。Hadoop 的最大特征就是能够对大量非结构化数据进行高速处理。

1.3.2 云计算的普及

如今，在很多情况下，大数据的处理环境并不一定要自行搭建。例如，使用亚马逊的云计算服务 EC2（Elastic Compute Cloud）和 S3（Simple Storage Service），就可以在无须自行搭建大规模数据处理环境的前提下，以按用量付费的方式来使用由计算机集群组成的计算处理环境和大规模数据存储环境。此外，在 EC2 和 S3 上还利用预先配置的 Hadoop 工作环境提供了 EMR（Elastic Map Reduce）服务。利用这样的云计算环境，即使是资金不太充裕的创业型公司，也可以进行大数据的分析。

实际上，在美国，新的 IT 创业公司如雨后春笋般不断涌现，它们利用亚马逊的云计算环境，对大数据进行处理，从而催生出新型的服务。这些公司有网络广告公司 Razorfish、提供预测航班起飞晚点等航班预报服务的 FlightCaster 和对消费电子产品价格走势进行预测的 Decide.com 等。

1. Decide.com

Decide.com 是一家成立于 2010 年的创业型公司，它提供的服务主要是告诉大家数码相机、计算机、智能手机和电视机等数码产品什么时候购买最划算。

Decide. com 每天要从数百家网上商城中收集超过 10 万条家电和数码产品的价格数据，同时还会搜索关于这些产品的博客和新闻报道，以获取是否会有新型号准备发售等信息。这些数据的数据量每天超过 25 GB，整体用于分析的数据量则高达 100 TB。这些收集到的数据会被发送到亚马逊的云计算平台，并通过 Hadoop 来进行统计和分析工作。

Decide. com 竞争力的源泉，来自公司中 4 位计算机科学博士所开发的算法，这种算法可以对家电和数码产品价格的上涨或下降走势做出高精度的预测。

2. FlightCaster

FlightCaster 创立于 2009 年，它所提供的服务是在航空公司发出正式通知 6 h 之前，就能够对航班晚点做出预报。

FlightCaster 的预报是基于交通统计局的数据、联邦航空局航空交通管制系统指令中心的警报、FlightStats（一个发布航班运营状况信息的网站）的数据和美国气象局的天气预报等所发布的。这些数据都是公开数据，若有需要的话，任何人都可以获得。

基于这些数据，FlightCaster 可以做出类似"正点概率为 3％，轻微晚点（60 min 以内）概率为 14％，晚点 60 min 以上概率为 83％"这样的预测。如果预报显示该航班有很大概率会晚点，还会给出相应的理由，如"目的地因暴雨天气风力较强""（往返飞行的）到达航班已经晚点 72 min"等。

该公司服务的强项在于，可以对过去 10 年的统计数据加上实时数据所构成的庞大数据，通过其拥有专利的人工智能算法进行分析，做出准确率高达 85％～90％的航班晚点预测。

一方面，FlightCaster 是一家创业型公司，为了控制初期投资，其庞大的数据处理都是在亚马逊（Amazon）的云计算平台（EC2 和 S3）上搭建的 Hadoop 集群中完成的。这个 Hadoop 集群是 Cloudera 公司提供的一项名为 AMI（Amazon Machine Image）的服务，而 FlightCaster 正是利用了这个集群上的机器学习功能来进行数据挖掘的。

另一方面，其前端部分是在 Heroku 公司（被 Salesforce. com 收购）的云计算平台上开发的，Heroku 提供了 Ruby on Rails（开发框架）的 PaaS（Platform as a Service）服务，这是部署在 EC2、S3 等亚马逊云平台上的。

此外，该公司还运用了大量的新技术，如将 Hadoop 进行抽象化的高级工作流语言 Casoading，以及用 Java 编写的 Lisp 方言动态语言 Clojure 等，对于技术极客①们来说还是相当有吸引力的。

1.3.3　大数据作为 BI 的进化形式

要认识大数据，还需要理解 BI（Business Intelligence，商业智能）的潮流和大数据之

---

① 极客，是美国俚语 geek 的音译。随着互联网文化的兴起，这个词含有智力超群和努力的语意，又被用于形容对计算机和网络技术有狂热兴趣并投入大量时间钻研的人。

间的关系。对企业内外所存储的数据进行组织性、系统性的集中、整理和分析，从而获得对各种商务决策有价值的知识和观点，这样的概念、技术及行为称为 BI。大数据作为 BI 的进化形式，充分利用后不仅能够高效地预测未来，也能够提高预测的准确率。

BI 这个概念是 1989 年由时任美国高德纳（Gartner）咨询公司的分析师 Howard Dresner 提出的。Dresner 当时提出的观点是，应该将过去 100% 依赖信息系统部门来完成的销售分析、客户分析等业务，通过让作为数据使用者的管理人员及一般商务人员等最终用户亲自参与，从而实现决策的迅速化及生产效率的提高。

BI 的主要目的是分析从过去到现在发生了什么、为什么会发生，并做出报告。也就是说，是将过去和现在进行可视化的一种方式。例如，过去一年中商品 A 的销售额如何，它在各个门店中的销售额又分别如何。

然而，现在的商业环境变化十分剧烈。对于企业今后的活动来说，在将过去和现在进行可视化的基础上，预测出接下来会发生什么显得更为重要。也就是说，从看到现在到预测未来，BI 也正在经历着不断的进化。BI（商业智能）的发展过程如图 1-6 所示。

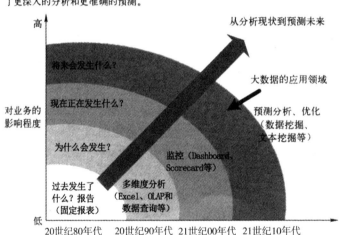

图 1-6 BI（商业智能）的发展过程

要对未来进行预测，从庞大的数据中发现有价值的规则和模式的数据挖掘（Data Mining）是一种非常有用的手段。为了让数据挖掘的执行更加高效，就要使用能够从大量数据中自动学习知识和有用规则的机器学习技术。从特性上来说，机器学习对数据的要求是越多越好。也就是说，它和大数据可谓是天生一对。一直以来，机器学习的瓶颈在于如何存储并高效处理学习所需的大量数据。然而，随着硬盘单价的大幅下降、Hadoop 的诞生以及云计算的普及，这些问题正逐步得到解决。现实中，对大数据应用机器学习的实例正在不断涌现。

1.3.4 从交易数据分析到交互数据分析

对从像"卖出了一件商品""一位客户解除了合同"这样的交易数据中得到的"点"信息进行统计还不够，人们想要得到的是"为什么卖出了这件商品""为什么这位客户离开了"这样的上下文（背景）信息。而这样的信息需要从与客户之间产生的交互数据这种"线"信息中来探索。以非结构化数据为中心的大数据分析需求的不断高涨，也正是这种趋势的一个反映。

例如，像亚马逊这种运营电商网站的企业，可以通过网站的点击流数据，追踪用户在网站内的行为，从而对用户从访问网站到最终购买商品的行为路线进行分析。这种点击流数据，正是表现客户与公司网站之间相互作用的一种交互数据。

举个例子，如果知道通过点击站内广告最终购买产品的客户比例较高，那么针对其他客户，就可以根据其过去的点击记录来展示他们可能感兴趣的商品广告，从而提高其最终购买商品的概率。或者，如果知道很多用户都会从某一个特定的页面离开网站，就可以下功夫来改善这个页面的可用性。通过交互数据分析所得到的价值是非常大的。

对于消费品公司来说，可以通过客户的会员数据、购物记录和呼叫中心通话记录等数据来寻找客户解约的原因。最近，随着"社交化 CRM"呼声的高涨，越来越多的企业都开始利用微信、Twitter（推特）等社交媒体来提供客户支持服务。上述这些都是表现与客户之间交流的交互数据，只要推进对这些交互数据的分析，就可以越来越清晰地掌握客户离开的原因。

一般来说，网络上的数据比真实世界中的数据更加容易收集，因此来自网络的交互数据也得到了越来越多的利用。不过，今后随着传感器等物态探测技术的发展和普及，在真实世界中对交互数据的利用也将不断推进。

例如，在超市中，可以将从植入购物车的 IC 标签中所收集到的顾客行动路线数据和 POS 等销售数据结合，从而分析出顾客买或不买某种商品的理由，这样的应用现在已经开始出现了。或者，也可以像前面讲过的那样，通过分析监控摄像机的视频资料来分析店内顾客的行为。以前并不是没有对店内的购买行为进行分析的方法，不过，那种分析大多是由调查员肉眼观察并记录的，这种记录是非数字化的，成本很高，而且收集到的数据也比较有限。

进一步讲，今后更为重要的是对连接网络世界和真实世界的交互数据进行分析。在市场营销的世界中，O2O（Online to Offline，线上与线下的结合）已经逐步成为一个热门的关键词。所谓 O2O，就是指网络上的信息（在线）对真实世界（线下）的购买行为产生的影响。举例来说，很多人在准备购买一种商品时会先到评论网站去查询商品的价格和评价，然后再到实体店去购买该商品。

在 O2O 中，网络上的哪些信息会对实际来店顾客的消费行为产生关联？对这种线索的分析，即对交互数据的分析，显得尤为重要。

1.4　大数据技术的意义

大数据技术的战略意义不在于掌握庞大的数据信息，而在于对这些有意义的数据进行专业化处理。换言之，如果把大数据比作一种产业，那么这种产业实现盈利的关键，在于提高对数据的"加工能力"，通过"加工"实现数据的"增值"。

大数据可分成大数据技术、大数据工程、大数据科学和大数据应用等领域。目前人们谈论最多的是大数据技术和大数据应用。大数据工程是指大数据的规划建设运营管理的系统工程；大数据科学关注大数据网络发展和运营过程中发现与验证大数据的规律，以及其与自然和社会活动之间的关系。

对客户相关数据进行大范围的收集，并使之对客户服务产生价值，在一部分先进企业中，这方面的工作几年前就已经开始进行了。

在将数据分析能力作为武器的企业中，有一家很具有代表性，并经常在各种事例中被提及，它就是位于美国拉斯维加斯的世界最大的赌场经营企业——Harrah's Entertainment（2010 年改名为 Caesars Entertainment）。该公司不仅经营着同名的酒店，还经营着拉斯维加斯的若干家赌场，包括 Caesars Palace、BALLY's 和 Paris 等。

Harrah's 从 1994 年开始就将投资的重点转向 CRM 和培养顾客忠诚度的营销活动上。这个机制从 1997 年开始运行，现在作为其 CRM 战略核心的顾客忠诚度计划 Total Rewards 又进一步加速了这个机制的发展。

一方面，当顾客成为 Total Rewards 的会员后，只要在游玩时将会员卡插入老虎机，或者将会员卡出示给庄家，就可以得到积分，当积分达到一定值之后，就可以享受住宿优待和现金返还等服务。或者，对于频繁光顾赌场的常客，还可以享受餐厅优先安排座位等服务。

另一方面，Harrah's 可以收集到顾客的相关数据，除了顾客的住宿信息、住址和爱好（喜欢无烟房间还是吸烟房间）等基本信息以外，还包括光顾赌场的频率、消费的金额，以及在哪个游戏上花费了最多的时间（是老虎机、大转盘，还是黑杰克、扑克等牌类游戏）等在赌场中的行为记录。这些数据被存储在数据仓库中并进行分析。于是，当顾客每次光顾赌场时，系统就可以立即访问数据仓库，并实时判断出此顾客是否为优质顾客，是优质顾客的话是否需要给出优惠，需要的话什么样的优惠比较合适。当一位很久没来过的优质顾客再次光顾赌场时，还可以对其提供特殊优待服务，以便使其成为常客。此外，当一位优质顾客在赌场里输得很惨时，在其离开赌场之前，还可以提供免费赠送餐饮券之类的关怀。

思考与练习

1. 简述用 3V 描述大数据的特征。
2. 简述大数据的结构类型。
3. 简述大数据技术的意义。

▶第2章

大数据存储技术

～～～～～～～～～～～～～～～～～～～～～～～～～～～～～～～～～～～～

随着大数据时代的到来，系统中需要存储的数据越来越多，数据也呈现出越来越复杂的结构。如何对海量数据进行组织、存储变得尤为重要，其中存储技术是关键。本章主要从数据存储的相关概念、数据存储技术的研究现状、海量数据存储的关键技术以及数据仓库等方面对数据的组织与存储技术进行详细的介绍。

2.1 数据存储概述

大数据应用的爆发性增长，直接推动了存储、网络以及计算技术的发展。随着经济全球化的不断发展，国际性的大型企业正在不断涌现，来自全球各地数以万计的用户产生了数以万计的业务数据，这些数据需要存放在拥有数千台机器的大规模并行系统上。同时，大数据也出现在日常生活和科学研究等各个领域，数据的持续增长使人们不得不重新考虑数据的存储和管理，海量数据存储对大数据时代至关重要。

数据存储是数据流在加工过程中产生的临时文件或加工过程中需要查找的信息。数据以某种格式记录在计算机内部或外部存储介质上。数据存储的命名需要反映出信息特征的组成含义。数据流要表现出动态数据的特征，反映的是系统中流动的数据；数据存储要表现出静态数据的特征，反映的是系统中静止的数据。

2.1.1　数据存储介质

数据存储介质主要包括磁带、光盘、硬盘三大类，在这三种存储介质的基础上分别构成了磁带机、光盘库、磁盘阵列三种主要的存储设备。未来高速海量数据存储的重要发展趋势是采用固态存储和全息存储。磁带机以其廉价的优势而应用广泛；光盘库适用于保存多媒体数据和联机检索，应用也越来越普遍；磁盘阵列具有较高的存取速度和数据可靠性特点，成为目前高速海量数据存储的主要方式。

磁盘阵列（Redundant Array of Independent Disks，RAID）是冗余的独立磁盘阵列的英文缩写。冗余的目的是补救错失、保证可靠性，独立是指阵列不在主机内而自成一个系统。一般将 RAID 分为不同的级别，主要包含 RAID0～RAID50 等数个规范，每个规范的侧重点各不相同。最常用的级别是 RAID0～RAID6。磁盘阵列通过在多个磁盘上同时存储和读取数据来大幅度提高存储系统的数据吞吐量。磁盘列阵是由很多价格便宜的磁盘组合而成的一个容量巨大的磁盘组，利用单个磁盘提供数据所产生的加成效果来提升整个磁盘的系统效果。通过控制和管理阵列控制器，磁盘阵列系统能够将几个、几十个甚至几百个磁盘连接成一个大磁盘，使总容量高达几百兆甚至上千兆，并且其速率也可以达到单个磁盘驱动器的几倍、几十倍甚至上百倍。磁盘阵列技术还有一个特点就是安全。它通过数据校验来提供容错功能，从而提供了更高的安全性。大多数 RAID 模式中的相互校验，恢复的措施都较为完备，有些是直接相互的镜像备份，用户数据一旦发生损坏，利用备份的信息即可使损坏的数据得以恢复，从而使 RAID 系统的容错度、系统的稳定冗余性以及用户数据的安全性都有很大提高。

2.1.2　数据存储方式

数据存储方式主要有 DAS、NAS、SAN 和 IP 存储。

1. DAS 存储方式

DAS（Direct Attached Storage，直接连接存储）是利用连接电缆，将外置存储设备连接到一台主机上。主机与存储设备间有多种连接方式：SCSI，小型计算机系统接口；ATA，先进技术附加设备；SATA，串行 ATA；FC，光纤通道。在实际应用中，SCSI 方式使用最多，随着服务器 CPU 的处理能力越来越强，硬盘的存储空间越来越大，组成阵列的硬盘数量也越来越多，SCSI 通道成了 I/O 瓶颈。传统 SCSI 所提供的存储服务有很多限制，其中最关键的是：与服务器连接距离有限；可连接的服务器数量有限；SCSI 盘阵受固化的控制器限制以至无法进行在线扩容。在直接连接式存储中，由主机操作系统对文件和数据进行管理，因为主机结构中包括数据存储部分。操作系统在对磁盘数据的读写与维护管理过程中会占用主机资源（如 CPU、系统 I/O 等）。可以看出，这种方式的优点

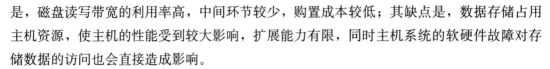

是，磁盘读写带宽的利用率高，中间环节较少，购置成本较低；其缺点是，数据存储占用主机资源，使主机的性能受到较大影响，扩展能力有限，同时主机系统的软硬件故障对存储数据的访问也会直接造成影响。

2. NAS 存储方式

NAS（Network Attached Storage，网络附加存储）是能够对不同应用服务器和主机进行访问的技术，是一种能够把独立且分布的数据整合为集中化管理的、大型的数据中心的技术。NAS 采用独立于服务器，单独为网络数据存储而开发了一种文件服务器来连接所存储设备，自形成一个网络。这样，数据存储就不再是服务器的附属，而是作为独立的网络节点存在于网络中，为所有的网络用户共享。

NAS 的存储方法是部件级的，可以作为网络的一个节点存在，借助于双绞网线直接连接到 IP 网络上。NAS 没有地域限制，具有支持远程实时访问、备份、操作等特性，这让它更容易部署。此外，NAS 还具有安装简单、容易扩展、方便维护、安全可靠、低成本等特点。

NAS 通信是按照 TCP/IP 协议来进行的，采用业界标准文件共享协议（如 NFS、HTTP 和 CIFS）来实现共享，数据传输方式为文件。借助于 NAS 自带的文件管理系统，安装在不同操作系统（如 APPLE 系统、Windows 系统、Linux 或 UNIX）的客户机可以使用同一文件管理系统，使得异构平台之间的数据共享得以真正的实现。因此，NAS 存储方式具有良好的异构平台兼容性。

3. SAN 存储方式

SAN（Storage Area Network，存储区域网络）是指通过专用高速网将一个或多个网络存储设备和服务器连接起来的专用存储系统，未来的信息存储将以 SAN 存储方式为主。FC（Fibre Channel，光纤信道）协议是它的核心技术，该技术的建立是为了解决传统SCSI 传输的距离限制。SAN 支持 HIPPI、IP、IPI、ATM 和 SCSI 等多种高级协议，是ANSI 为信道 I/O 接口和网络建立的一个标准集成。为实现在同一个物理连接上传送多种协议，光纤信道协议将网络和设备的通信协议与传输物理介质隔离开来，这也是光纤信道协议的最大特性。

完全采用光纤连接是 SAN 技术的一大特点，从而保证了巨大的数据传输带宽，目前其传输距离可达到 100 km，数据传输速度也达到了 4 Gbit/s。一条单一的 FC 环路最大可以承载 126 个设备。与传统技术相比，为使存储与服务器分开成为现实，SAN 技术将存储设备从传统的以太网中隔离出来成为独立的存储局域网络，这也是 SAN 的最大特点。此外，在 SAN 中实现容量扩展、数据迁移、远程容灾数据备份功能都比较方便。采用SAN 技术的存储设备性能高，提高了数据的可靠性和安全性，但是其设备的互操作性较差，构建、管理和维护成本高，而且只能提供存储空间共享，而不能提供异构环境下的文件共享。

4. IP 存储

IP 存储（Storage over IP，SoIP）是一种替代光纤通道（FC）的基于以太网和 IP 存储网的技术，它使服务器可以通过 IP 网络连接 SCSI 设备，在 IP 网络中传输块级数据，就如同使用本地的设备一样，用户不用关心设备的地址或位置。网络连接方式主要是 IP 和以太网。

由于 IP 存储技术既有的成熟性和开放性，使企业在制定和实现"安全数据存储"的策略和方案时，有了更多的选择空间。IP 存储的介入大大丰富了远程的数据备份、数据镜像和服务器集群等领域的内容。同时，在企业 IT 部门设计传统 SAN 方案时必须要面对的两个问题（产品兼容性和连续性），在 IP 存储中已经不存在了。更重要的是，基于 IP 存储技术的新型 SAN，兼具传统 SAN 的高性能和传统 NAS 的数据共享优势，为新的数据应用方式提供了更加先进的平台结构。

IP 存储技术主要有两个方面，即存储隧道和本地 IP 存储。下面简单地介绍一下这两个方面。

存储隧道（Storage Tunneling）技术为了解决两个 SAN 环境的互联问题，将 IP 协议作为连接两个异地光纤 SAN 的隧道，在传输过程中，光纤通道协议帧被包裹在 IP 数据包中，专用设备会解开传输到远端 SAN 后的数据包，将其还原成光纤通道协议帧。

存储隧道技术提供的是两个 SAN 之间点到点的连接通信，因为从功能上讲，这种技术与光纤的专用连接技术类似，所以，这种存储隧道技术也被称为黑光纤连接（Dark Fiber Opticlinks）。要实现这种技术需要花费较高的成本，其专用性较强，缺乏通用性，而且较大的延迟在一定程度上也影响了其性能。不过，可以将现有的城域网和广域网充分利用是其最大的优势，而这一优势正好满足了宽带资源的需要，使其进一步地充分利用成为可能。但是，另一方面，虽然存储隧道技术是利用 IP 网络进行传输的，但无法充分利用 IP 网络管理和控制机制相对完善这一优势。这导致目录服务、流量监控、QoS 等一些很好的管理控制机制无法应用到存储隧道这种技术中，其主要原因在于，IP 网络智能管理工具无法识别嵌入 IP 数据包中的光纤通道协议帧。所以，企业 IT 部门的系统维护人员，对包含存储隧道的网络环境进行单一界面的统一集中化管理的可能性很小。总体来说，存储隧道技术虽然借用了一些 IP 网络的成熟性优势，但还是要依赖昂贵而复杂的光纤通道产品。

本地 IP 存储（Native IP-based Storage）技术为使网络和存储无缝融合，在 IP 协议中直接集成了如 SCSI 和光纤通道等现有的存储协议。即在传统的 SAN 结构中，将光纤通道协议替换成 IP 协议，构建新型 SAN 系统 IP-SAN，使其在技术上与 LAN 一致，在结构上与 LAN 隔离，而不是在物理上可以在企业 IT 系统中，合成一个将存储网络和传统的 LAN 整合在一起的网络。

在这种新型的 IP-SAN 中，用户可以直接把以往用户在 IP 网络上获得的维护经验、技巧应用到 IP-SAN 上，不仅能够保证性能，又有效地降低了成本。借助于随处可见的 IP

网络工具，IP-SAN 可以方便轻松地进行网络维护。此外，与光纤技术培训相比，维护人员的培训工作也简单快捷许多。

本地 IP 存储技术还具有非常明显的优势。一方面，在本地 IP 存储技术中，用户接触到的是诸如 IP 协议和以太网这样比较熟悉的技术内容，并且，各种 IP 通用设备使得用户的选择空间变得非常广。实际上，充分利用现有设备是本地 IP 存储技术的设计目标之一。因此，可以在 IP-SAN 中充分利用传统的 SCSI 存储设备和光纤存储设备。另一方面，本地 IP 存储技术所具备的一体化的管理界面，也可以完全整合 IP-SAN 与 IP 网络。

在 IP-SAN 中，只要是主机和存储系统都能提供标准接口，无论哪一位置的数据都可由任意位置的主机进行访问，不管是在相隔几米的同一机房中，还是在相距数千米外的异地，这使得本地存储和远程存储的界限更加模糊。此外，本地 IP 存储技术的访问方式既可以与 NAS 结构中的通过 NFS、CIFS 等共享协议访问类似，也可以与本地连接和传统 SAN 中的通过本地设备级访问类似。

2.1.3　大数据存储存在的问题

随着结构化数据和非结构化数据数量的不断增长，以及分析数据来源的多样化，之前的存储系统设计已经无法满足大数据应用的需求。对于大数据的存储，存在以下几个不容忽视的问题。

1. 容量

大数据时代存在的第一个问题就是"大容量"。"大容量"通常指的是可达 PB 级的数据规模，因此，海量数据存储系统的扩展能力也要得到相应等级的提升，同时，其扩展还必须简便，为此，通过增加磁盘柜或模块来增加存储容量，这样可以不需要停机。在解决容量问题上，不得不提及 LSI 公司的全新 Nytro 智能化闪存解决方案，采用这种方案，客户可以将数据库事务处理性能提高 30 倍，并且具有超过每秒 4 GB 的持续吞吐能力，非常适合于大数据分析。

2. 延迟

"大数据"的应用不可避免地存在实时性问题，尤其涉及网上交易或金融类的应用。"大数据"应用环境通常像 HPC（高性能计算）那样需要较高的 IOPS 性能。正如改变了传统的 IT 环境一样，服务器虚拟化的普及也对高 IOPS 提出了需求。为了迎接这些挑战，各种模式的固态存储设备应运而生，小到简单的在服务器内用作高速缓存的产品，大到全固态介质可扩展存储系统。通过高性能闪存存储，自动、智能地对热点数据进行读/写，高速缓存的系列产品如 LSI Nytro 都在蓬勃发展。

3. 安全

像金融数据、医疗信息以及政府情报等这些特殊行业的应用，都有自己的安全标准和保密性需求。对 IT 管理者来说，这些都是必须遵从的。但是，在过去没有需要多类数据相互参考的情况，而现在大数据的分析往往需要对多种数据混合访问，这就催生出了一些新的、需要考虑安全性的问题。此处不得不提及利用 DuraClassTM 技术的 LSI SandForceR 闪存处理器，它实现了企业级的闪存性能和可靠性，实现了简单、透明的应用加速，既安全又方便。

4. 成本控制

成本控制是正处于大数据环境下的企业关注的关键问题，只有让每一台设备都实现更高的"效率"，同时减少昂贵的部件，才能控制住成本。目前，进入主存储市场的重复数据删除、多数据类型处理等技术，都可为大数据存储应用带来更大的价值，提升存储效率。在数据量不断增长的环境中，通过减少后端存储的消耗（例如，LSI 推出的 SyncroTMMX-B 机架服务器启动盘设备），可以为企业减少成本，即使只降低了几个百分点，这样的服务器也能够获得明显的投资回报。现今，数据中心使用的基于传统引导方式的驱动器不仅故障率高，而且具有较高的维修和更换成本。如果用 SyncroTMMX-B 机架服务器取代数据中心的独立服务器引导驱动器，则其可靠性能提升高达 100 倍。并且由于对主机系统是透明的，它能为每一个附加服务器提供唯一的引导镜像，简化了系统管理，提升了可靠性，并且节电 60%，做到了真正的成本节省。Hadoop 通常以集群的方式运行在廉价服务器上，也可以有效控制海量数据处理和存储的成本。

5. 数据的累积

大数据应用大都会涉及法规遵从问题，这些法规通常要求数据保存几年或者几十年。例如，为了保证患者的生命安全，医疗信息通常会被保存不少于 15 年，财务信息通常需要保存 7 年。因为对数据的分析大都是基于时间段进行的，任何数据都是历史记录的一部分，所以，有些大数据的存储希望能被保存得更久一点。数据被保存的时间越长，数据积累的就越多。要实现数据的长期保存，就要求大数据存储系统具有能够持续进行数据一致性检测的功能，以及保证长期高可用的特性，同时还要实现直接在原位进行数据更新的功能。

6. 灵活性

通常大数据存储系统的基础设施规模都很大，为了保证存储系统的灵活性，使其能够随着应用分析软件一起扩容及扩展，必须经过详细设计。由于在大数据存储环境中，数据会同时保存在多个部署站点上，因此，没有必要进行数据迁移。一个大型的数据存储基础设施必须能够适应各种不同的数据场景与应用类型，因为，它一旦开始投入使用，就难以进行调整了。

7. 应用感知

目前，有些大数据用户已经在开发一些针对应用的基础设施，如针对政府项目开发的系统、大型互联网服务商创造的专用服务器等。应用感知技术在主流存储系统领域的应用越来越普遍，它是改善系统效率和性能的重要手段。因此，应用感知技术也应该在大数据存储环境中使用。

8. 针对小用户

在大数据环境下，不仅仅是一些特殊的大型用户群体依赖大数据，作为一种商业需求，在不久的将来，小型企业也一样会应用到大数据。因此，为了吸引那些对成本比较敏感的小用户，一些存储厂商已经在开发小型的大数据存储系统了。

2.2 数据存储技术研究现状

目前，传统关系型数据库仍然是大部分互联网应用数据存储管理的主要选择，对数据的分析处理则通过编写 SQL 语句或 MPI 程序来完成。在用户和数据规模都相对较小的情况下，传统数据库系统尚可以高效运行。但是，在用户数量、存储管理的数据量都不断增加的情况下，如何应对更大规模的数据和满足更高的访问量，是许多热门的互联网应用在扩展存储系统时都会遇到的问题。

2.2.1 传统关系型数据库

在数据存储管理发展史上，传统关系型数据库是一座重要的里程碑。随着互联网时代的到来，之前主要集中在金融、证券等商务领域的数据存储管理应用模式已经不适用了。金融、证券等商务领域的数据处理对数据查询分析能力的便捷性、按照严格规则处理事务能力的速度、多用户访问的并发性以及保证数据的安全性有较高要求。正是针对这些要求，传统关系型数据库的设计具有这样一些特点：数据组织形式结构化、一致性模型严格、查询语言简单便捷、数据分析能力强大以及程序与数据独立性较高。也正是由于这些优点，传统关系型数据库得到了广泛的应用。

随着互联网时代的到来，需要处理的数据已经远远超出了关系型数据库的管理范畴，各种非结构化数据（包括博客、标签、电子邮件等超文本以及图片、视频与音频等）逐渐成为需要存储和处理的海量数据的重要组成部分。互联网数据快速访问，大规模数据分析的需求在关系型数据库中已经不能得到满足。主要表现在以下几个方面。

1. 应用场景局限

互联网应用主要面向的是半结构化和非结构化数据，这类应用与传统的金融、经济等应用不同，它们大多没有事务特性，不要求保证严格的一致性，这本身就与传统关系型数据库的设计初衷不相同。虽然传统的数据库厂商也根据海量数据应用的特点有针对性地提出了一系列改进方案，但是传统数据库在应对互联网海量数据存储效果上并不理想，因为这些解决方案并没有真正地从互联网应用的角度去设计。

2. 快速访问海量数据的能力被束缚

关系模型是一种按内容访问的模型，它是关系数据库的基础。在传统的关系型数据库中，行的值由相应的列的值来定位。这种访问模型会影响快速访问的能力，因为在数据访问过程中引入了耗时的输入输出。传统的数据库系统为了提高数据处理能力，一般是通过分区技术（水平分区和垂直分区）来减少查询过程中数据输入输出的次数，从而缩短响应时间。但是，这种分区技术对海量数据规模下的性能改善效果却并不明显。

Web 2.0 中的许多特性都与关系模式中的严格范式设计相矛盾。例如，标签的分类模型是一种复杂的多对多关系模型，如果按照传统关系数据库范式设计要求——消除冗余性，则要将标签和内容存储在不同的表中，这就会导致系统性能低下，因为对标签的操作需要跨表完成（在分区的情况下，还可能需要跨磁盘、跨机器操作）。

3. 对非结构化数据的处理能力不足

传统的关系型数据库对非结构化数据（视频、网页等）的支持度较差，只局限于一些结构化数据中（数据、字符串等）。随着硬件技术的快速发展、互联网多媒体交流方式的广泛推广以及用户应用需求的不断提高，处理庞大的音频、视频、图像与邮件等复杂数据类型的需求日益增长，用户对这些数据的处理要求也不只满足于简单的存储，而上升为识别、检索以及深入加工，对于这类需求传统数据库早已显得力不从心了。

4. 扩展性能差

在海量规模下，扩展性差是传统数据库的一个致命弱点。一般通过向上扩展（Scale Up）和向外扩展（Scale Out）来解决数据库扩展的问题。这两种方式分别从两个不同的维度来解决数据库在海量数据下的压力问题。向上扩展是通过升级硬件来提升速度的，从而缓解压力。向外扩展则是按照一定的规则将海量数据进行划分，再将原来集中存储的数据分散到不同的物理数据库服务器上。在向外扩展的理念指导下，分片（Sharding）成为传统数据库的一种解决扩展性的方法。通过叠加相对廉价的设备，分片在存储和计算方面进行了扩展，不再受单节点数据库服务器输入输出能力的限制，提高了快速访问能力，提供了更大的读写带宽。但是，这种解决扩展性的方案在互联网的应用场景下仍然存在着一定的局限性。例如，这会要求互联网应用实现复杂的负载自动平衡机制，因为数据存储在多个节点上时，就要考虑负载均衡的问题，从而会花费较高代价；由于数据库范式规定严格，数据被表示成关系模型，从而难以被划分到不同的分片中；而一些数据的可用性和可靠性问题也同样存在。

2. 2. 2　新兴的数据存储系统

通过对 2.2.1 节描述的传统关系型数据库的局限性可以看出，传统的数据库已经不能满足互联网应用的需求了。在这种情况下，一些主要针对非结构化数据的管理系统开始出现。这些系统为了保障其可用性和并发性，通常采用多副本的方式进行数据存储。为了在

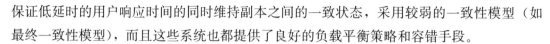

保证低延时的用户响应时间的同时维持副本之间的一致状态，采用较弱的一致性模型（如最终一致性模型），而且这些系统也都提供了良好的负载平衡策略和容错手段。

1. HDFS

Hadoop 是一个开源分布式计算平台，属于 Apache 软件基金会旗下，其核心是 HDFS（分布式文件系统）和 MapReduce，为用户提供分布式基础架构的系统底层细节。HDFS（Hadoop Distributed File System）是由 Hadoop 实现的一个分布式文件系统。它允许用户将 Hadoop 部署到低廉的硬件上，形成分布式系统，具有高容错性和高伸缩性等优点。通过 MapReduce 分布式编程模型，在不了解分布式系统底层细节的情况下，用户也可以开发并行应用程序。因此，利用 Hadoop 用户在组织计算机资源时能够更加轻松，进而能够搭建分布式计算平台，充分利用集群的计算和存储能力，完成大规模数据的处理。

HDFS 由一个名称节点（Name Node）和 N 个数据节点（Data Node）组成，每个节点都是一台普通的计算机。在使用方式上 HDFS 与单机文件系统非常相似，它可以创建、复制和删除文件，创建目录，查看文件的内容等。但 HDFS 底层把文件切割成了块，然后在不同的数据节点上分散地存储着这些块，与此同时，为达到容错容灾的目的，每个块可将数据复制数存储于不同的数据节点上。整个 HDFS 的核心是名称节点，它通过一些数据结构的维护来记录每一个文件被切割成了多少个块，可以从哪些数据节点中获得这些块，以及各个数据节点的状态等重要信息。

HDFS 的设计目标有以下几点：

（1）硬件故障检测及恢复。硬件故障是常态，而不是异常，硬件故障的检测和自动快速恢复可以说是 HDFS 最核心的目标。构成整个 HDFS 系统的组件数目是巨大的——数百台或数千台存储着数据文件的服务器，每一个服务器都很有可能出现故障，这意味着在 HDFS 里总有一些部件是失效的。

（2）流式的数据访问。运行在 HDFS 上的应用程序不是普通文件系统上的普通程序，而是能流式地访问数据集。HDFS 适合批量处理，而不擅长与用户进行交互式处理。所以较之数据访问的低延时问题，它更看重数据吞吐量。

（3）简化一致性模型。HDFS 简化了数据一致性问题，并使高吞吐量的数据访问成为可能，这主要得益于大部分的 HDFS 程序操作文件仅需一次写入，多次读取，经过创建、写入、关闭之后的文件不需要再进行修改。

（4）海量数据支持。运行在 HDFS 上的应用程序大多具有很大的数据集。HDFS 的典型文件大小一般都在 GB 字节至 TB 字节。HDFS 不仅可以用来优化大文件存储并且能提供集中式的高数据传输带宽，还能够使单个集群支持成百上千个节点。通常独立的 Hadoop 文件系统就能够支持上千万个文件。

（5）通信协议。HDFS 系统的所有通信协议都是以 TCP/IP 协议为基础的。当明确配置了端口的名称节点和客户端连接之后，我们称它和名称节点的协议为客户端协议

（Client Protocol），而名称节点和数据节点之间则采用数据节点协议（Data Node Protocal）。

（6）异构平台间的可移植性。HDFS 在设计的时候就考虑到异构软硬件平台的可移植性，可以简单方便地实现平台间的迁移，这种特性使得 HDFS 适合作为大规模数据应用平台。

Hadoop 这个分布式计算平台可以让用户轻松使用和架构，在 Hadoop 上用户可以轻松地开发和运行处理海量数据的应用程序。Hadoop 的优点一目了然：高可靠性、高扩展性、高容错性和高效性。基于 Hadoop 的应用因其突出的优势已经层出不穷，特别是在互联网领域的应用中。在互联网的不断发展中，不断涌现了一些新的业务模式，而对 Hadoop 的应用也从互联网领域拓展到了电信、银行、电子商务与生物制药等领域。

本书将在第 6 章中对 Hadoop 进行更加详细的介绍。

2. NoSQL

NoSQL 是泛指非关系型、分布式和不提供 ACID 的数据库，它不是单纯地反对关系型数据库，而是强调键值存储和文档数据库的优点。

如 2.2.1 节所述，由于传统关系型数据库存在着灵活性差、扩展性差与性能差等原因，它们在处理数据密集型应用方面显得无能为力。最近出现的一些存储系统转向采用不同的解决方案来满足扩展性方面的需求，舍弃了传统关系型数据库管理系统的设计思想。人们普遍把这些没有固定数据模式的、可以水平扩展的系统统称为 NoSQL（有观点认为将其称为 NoREL 更恰当），这里的 NoSQL 指的是 Not Only SQL，而不是 No SQL，它们是对关系型 SQL 数据系统的补充，而不是与之对立。

NoSQL 系统普遍采用了以下一些技术：

（1）简单数据模型。大多数 NoSQL 系统采用的是一种更加简单的数据模型。这与分布式数据库不同，在这种更加简单的数据模型中，每个记录都有唯一的键，并且外键和跨记录的关系并不被系统支持，只支持单记录级别的原子性。这种一次操作获取单个记录的约束使数据操作可以在单台机器中执行，由于没有分布式事务的开销，极大地增强了系统的可扩展性。

（2）弱一致性。NoSQL 系统的一致性是通过复制应用数据来实现的。由于 NoSQL 系统广泛应用弱一致模型，如最终一致性和时间轴一致性，减少了因更新数据时副本要同步的开销。

（3）元数据和应用数据的分离。NoSQL 数据管理系统需要对元数据和应用数据这两类数据进行维护。但是这两类数据的一致性要求并不一样，只有元数据一致且为实时的情况下，系统才能正常运行；对应用数据而言场合不同，对其一致性需求也不同。因此，NoSQL 系统将这两类数据分开管理，就能达到可扩展性目的。在一些 NoSQL 系统中甚至并没有元数据，解决数据和节点的映射问题需要借助于其他方式。

NoSQL 借助于上述技术能够很好地解决海量数据带来的挑战。

与关系型数据库相比，NoSQL 数据存储管理系统主要有以下几个优势。

（1）更简便。NoSQL 系统提供的功能较少，避免了不必要的复杂性，从而提高了性能。相比较而言，关系型数据库提供了强一致性和各种各样的特性，但许多特性的使用仅发生在某些特定的应用中，大部分得不到使用的特性使得系统更复杂。

（2）高吞吐量。与传统关系型数据库系统相比，一些 NoSQL 数据系统的吞吐量要高得多。

（3）低端硬件集群和高水平扩展能力。与关系型数据库集群方法不同的是，NoSQL 数据系统是以使用低端硬件为设计理念的，能够不需付出很大代价就可进行水平扩展，因此可以为采用 NoSQL 数据系统的用户节省很多硬件方面的开销。

（4）避免了对象—关系映射。许多 NoSQL 系统能够存储数据对象，如此就规避了数据库中关系模型和程序中对象模型相互转化的昂贵代价。

NoSQL 向人们提供了高效、廉价的数据管理方案。许多公司开始借鉴 Google 的 Bigtable 和 Amzon 的 Dynamo 的主要思想来建立自己的海量数据存储管理系统，而不再使用 Oracle 甚至 MySQL。现在一些系统，如 Cassandra 被 Facebook 捐给了 Apache 软件基金会，开始变成开源项目了。

目前市场上主流的 NoSQL 数据存储工具有 Bigtable、Dynamo、HBase、MongoDB、CouchDB 和 Hypertable。此外还存在着一些其他开源的 NoSQL 数据库，如 Ne04j、Riak、Oracle Berkeley DB、Apache Cassandra 与 Memcached 等。

本书将在第 5 章中对 NoSQL 进行详细介绍。

3. NewSQL

NewSQL 是对各种可扩展/高性能数据库的简称，这类数据库在保持了传统数据库支持 ACID 和 SQL 等能力的同时，还具有 NoSQL 对海量数据的存储管理能力。人们普遍认为系统的性能是由 ACID 和支持 SQL 的特性制约的，其实不然，系统性能是受一些其他的机制如缓冲管理、锁机制或日志机制等影响的。因此，只需优化这些技术，在处理海量数据时，关系型数据库系统也能表现出良好的性能。

这类 NewSQL 系统虽然内部结构变化很大，但它们都有两个显著的共同点：都支持关系数据模型和都是用 SQL 作为其主要的接口。目前的 NewSQL 系统大致有三类：采用新的架构、利用高度优化的 SQL 存储引擎和提供透明分片的中间件层。

如今已经出现了许多 NewSQL 数据库，如 Google Spanner、VoltDB、RethinkDB、Clustrix、TokuDB 和 MemSQL 等。

当然，NewSQL 与 NoSQL 也有交叉的地方。比如，可以将 RethinkDB 看作是 NewSQL 数据库中 MySQL 的存储引擎，亦可看作是 NoSQL 数据库中键/值存储的高速缓存系统。现在一些 NewSQL 提供商为没有固定模式的数据使用自己的数据库提供存储服务，同时一些 NoSQL 数据库也开始支持 SQL 查询和 ACID 事务特性。NewSQL 既能够提供 SQL 数据库的质量保证，也能提供 NoSQL 数据库的可扩展性。VoltDB 就是这样一个 NewSQL 数据库，其开发公司的 CTO 宣称，VoltDB 使用 NewSQL 的方法处理事务的速度比传统数据库系统快 45 倍。可以把 VoltDB 扩展到 39 个机器上，在 300 个 CPU 内核中每分钟处理 1 600 万事务，其所需的机器数比 Hadoop 集群要少很多。

2.3　海量数据存储的关键技术

为了满足数据、用户规模的不断增长的需求，自适应的数据划分方式以及良好的负载均衡策略对于构建一个 TB 级乃至 PB 级的数据存储系统来说是必不可少的。而且，也需要在保证系统可靠性的同时权衡数据的可用性及一致性，用以满足互联网应用对高吞吐率、低延时的要求。

2.3.1　数据划分

在分布式环境中，进行数据存储必须跨越多个存储单元。影响系统性能、负载平衡以及扩展性的关键因素之一就是数据的划分。系统必须在用户请求到来时将请求进行合理分发，这样才能提供低延时的系统响应，克服系统性能的瓶颈。哈希映射和顺序分裂是目前海量数据管理系统进行数据划分主要采取的两种方式。为了适应数据的多样性和处理的灵活性，在现在的互联网应用中，数据通常以键/值对方式进行组织。哈希映射这种数据划分方式带来的性能收益往往依赖于哈希算法的优劣性，因为它是根据数据记录的键值进行哈希运算，然后再根据哈希值将数据记录映射至对应的存储单元中。顺序分裂的数据划分方式是渐进式的。根据键值排序将数据写到数据表中，当数据表大小达到阈值后即可进行分裂，然后将分裂得到的数据分配至不同的节点上继续提供服务。这样，根据键值新流入的数据就能自动找到相应的分片并插入到表中。

Cassandra 和 Dynamo 对数据的划分是通过一致性哈希映射方式进行的。这种方式在为系统带来良好的扩展性的同时，通过在数据流入时均匀地映射数据到对应的存储单元中，能够最大限度地避免产生系统热点。

Bigtable 对数据的划分采用了顺序分裂的方式。这种划分方式是渐进式的，能够有效地利用系统资源提供良好的扩展性。但是频繁插入某个键值范围可能会导致负载热点的产生。区别于哈希映射方式的是，顺序分裂的数据和存储节点并不是直接映射的，为了集中管理这种分裂和映射行为，在 Bigtable 中需要有一个主控节点。因此，主控节点的管理能力限制了整个系统的扩展性。

PNUTS 的数据组织结合了这两种方式，它既提供顺序表的组织方式，又提供哈希表的组织形式，采用了顺序分裂的方式，按照键或键哈希值来划分顺序表或哈希表中的数据。简而言之，PNUTS哈希表中的数据按照键的哈希值来有序存放。这些系统虽然根据不同的数据模型（如顺序表、哈希表、键/值对等）来对数据进行组织，但它们都按照这些数据组织的特性实现了可扩展的数据划分。所以海量数据存储系统设计首要解决的问题应当是基于应用数据的特性，合理地对数据划分策略进行敲定，从而达到高可扩展性。

2.3.2　数据一致性与可用性

在分布式环境下，数据一致性为数据操作的正确性做出保证，而数据可用性则是数据存储的基石。一般情况下，为了解决数据的可用性问题往往会采用副本冗余、记录日志等方式。然而副本冗余又会带来数据一致性的问题。在运用副本冗余方式的分布式系统中，数据一致性及系统性的矛盾往往难以调和，需要在严格的数据一致性和系统的性能（如响应时间等）之间进行折中。有时在互联网应用需求下，要牺牲严格的数据一致性来调和这种矛盾，即为了保证高效的系统响应而允许系统弱化一致性模型，同时采用异步复制的手段用以确保数据的可用性。

Dynamo、Bigtable和PNUTS系统的数据高可用性主要是通过副本冗余的方式来保证的。然而，它们的具体实现并不完全相同。Dynamo采用的是整个系统中无主从节点之分的非集中的管理方式，其副本的异步复制就是在整个哈希环上通过Gossip机制进行通信来完成的。而Bigtable和PNUTS采用的是集中管理方式，其服务节点内存中的数据可用性均是利用日志的方式来保证的。但是在数据存储可用性方面，两者又有不同，与Bigtable依赖于底层分布式文件系统的副本机制不同，PNUTS的数据冗余存储主要是采用基于发行/订阅（Pub/Sub）通信机制的主从式异步复制方式来实现的：先将数据同步至主副本，接着再通过发行/订阅机制异步更新至所有副本。

如上所述，Dynamo和PNUTS是需要跨数据中心部署的，均采用异步复制的方式进行副本更新，为维护系统的高性能而在某种程度上牺牲一定的数据一致性。由此可知，数据一致性、可用性及系统性能的权衡考虑与应用特性和部署方式紧密相关。

2.3.3　负载均衡

在分布式环境下，如何进行高效数据管理的关键问题是负载均衡。负载均衡主要包含两个方面的内容：数据的均衡与访问压力均衡。如前所述，在分布式环境中，采用一定的划分策略，如哈希、顺序分裂等，将数据进行划分并存储于不同的节点之上，再由不同的节点来对用户的访问请求进行处理。但是用户访问请求的分布规律具有无法预测性，这最终会导致数据存储分布及节点访问压力的不均衡。由于存在数据分布和访问负载不均衡的情况，整个系统的性能在持续的数据加载压力以及频繁的并发访问下将会下降。因此海量存储系统需要有一套良好的均衡机制来保证数据加载的高吞吐率、系统响应的低延时以及系统的稳定性。

虚拟节点是一种能够使访问压力达到均衡的技术，它能够采用虚拟化的手段来单元化节点的服务能力，根据访问压力大小将压力较小的虚拟节点映射至服务能力较弱的物理节点上，对压力较大的节点则映射至能力较强的节点上。这样在访问压力达到均衡的同时，数据也会达到均衡状态。为了使数据在均衡过程中数据迁移的开销达到最小，Dynamo 采用了虚拟化技术，通过量化节点的存储能力，使虚拟后的存储节点能够相对均匀地分布到集群哈希环上，从而有效地避免了数据在均衡过程中导致的全环的数据移动。在非集中式系统中，可以由任意节点发起这些均衡操作，并由 gossip 通信机制和集群中另外的节点来协调完成。

Bigtable 与像 Dynamo 这样的非集中式管理方式不同，对各个子表服务器（Tablet Server）上的访问负载状态是由主控节点（Master）来监控的。同样的，子表的分裂和迁移是利用主控节点来调度管理的，从而将访问压力均匀地分散到各个子表服务器上。Bigtable 的数据底层存储运用的是分布式文件系统，以一种巧妙的方式避免了数据均衡的问题，因为其访问压力均衡过程中并不涉及存储数据的迁移操作。相似的方式同样被 PNUTS 用来均衡访问压力。不同的是，PUNTS 的数据底层存储是本地的文件系统或数据库系统，它在实施子表（Tablet）的分裂及迁移之际，需要对存储数据进行迁移。

显而易见，有效的数据划分方式是一柄双刃剑，一方面它为系统扩展性提供基础，另一方面也给系统带来了负载均衡的问题。因此，海量存储系统面临着这样一个挑战：如何在通过虚拟化节点或表分裂等方式更改数据分布格局，在访问负载均衡的同时，要避免数据迁移，或者至少尽量降低数据迁移量。

2.3.4　容错机制

分布式系统的健壮性标志是容错性。保证系统的可用性和可靠性的关键问题就是节点的失效侦测与失效恢复。

1. 失效侦测

在像 Dynamo 和 Cassandra 这样的非集中式系统中，为了解每个节点的活动状态，各个节点之间需要定期进行交互，从而完成对失效节点的侦测。而在集中式系统中，整个分布式系统的节点状态信息需要由专门的节点（部件）来维护，失效节点是否存在需要通过"心跳"机制来侦测。如 Bigtable 的失效侦测主要是采用分布式锁服务 chubby 追踪主控节点的子表节点的服务状态来实现的。PNUTS 中节点失效是否存在的判断则主要来自子表控制器（Tablet Controller）部件维护的活动节点路由信息。

2. 失效恢复

为了确保系统的可靠性与可用性，需要有相应的失效恢复策略来完成对系统中侦测到的失效节点的恢复。在分布式系统中，存在两种节点失效的情况：临时失效（如网络分区等）和永久失效（如磁盘损坏、节点死机等）。在副本冗余存储的分布式系统中，失效通常会造成失效节点内存中数据的丢失，通常解决这类问题的方法是日志重做。而在不同的系统中具体的失效恢复策略又有不同的特点。

在此以 Bigtable 为例。Bigtable 并不区分是临时失效还是永久失效。Bigtable 依赖主控节点通过"心跳"机制来完成对失效的侦测，即在限定时间内如果主控节点无法通过"心跳"机制获得从节点的响应，就认为该从节点已经失效。就算临时失效的节点有可能与主控节点重新建立连接，主控节点也会停止这些节点，因为这些节点上的服务早已被分配到其他节点上了。由于服务的迁移并不涉及存储数据的移动，也就不会带来额外的系统开销，故究竟属于何种失效状态也就不存在区分的必要。这种共享存储方式依靠底层的分布文件系统，也对系统的失效恢复进行了简化。

在集中式系统中，主节点各种失效恢复方式的差异是由其主从节点的功能差异导致的。主节点的失效将是灾难性的，因为它维护的是系统元信息。在集中式系统中，为了防止主节点的失效，通常是利用节点备份（多机、双机备份）。然而 Bigtable 的集群节点的状态信息主要依靠 chubby 来管理，整个系统存储的元信息则使用子表服务器来加以管理，从而将主节点的管理功能弱化，降低了主节点失效而引起灾难的可能性，与此同时也减小了主节点恢复的复杂性。

在非集中数据存储系统中，如 Dynamo，其哈希方式的数据划分策略，使得系统中各个节点在作为存储节点的同时也作为服务节点，服务迁移的同时伴随着海量的数据迁移。因此系统需要极其认真地应付各种各样的失效状态，在失效恢复过程中应当努力避免由于大规模迁移存储数据而导致的系统花销。基于上述原因，临时失效和永久失效在 Dynamo 中会被区别对待。

综上，失效侦测技术的选择与集群管理方式是集中式还是非集中式有着紧密的关系，该选择一般相对固定，但是失效恢复策略的实现却因不同应用而有所不同。系统的设计者可基于应用特性，权衡系统性能与数据一致性、可用性等多个影响因素来选择更合适的失效恢复策略。

2.3.5　虚拟存储技术

虚拟存储就是将硬盘，RAID 等多个存储介质模块按照一定的手段集中管理起来，在一个存储池（Storage Pool）中统一管理全部的存储模块。从主机和工作站的角度来看，就是一个分区或是卷，而不是多个硬盘，更类似于一个超大容量（如大于 1 TB）的硬盘。这种能够把多种、多个存储设备统一管理起来，为使用者提供大容量且高数据传输性能的存储系统，称之为虚拟存储。根据虚拟存储的拓扑结构可将其分为对称式和非对称式两种。对称式虚拟存储技术是指将虚拟存储控制设备和存储软件系统、交换设备集成为一个整体，内嵌于网络数据传输路径之中；非对称式虚拟存储技术是指虚拟存储控制设备独立于数据传输路径之外。根据虚拟化存储的实现原理也可将其分为数据块虚拟与虚拟文件系统两种方式。

虚拟存储系统的结构如图 2-1 所示。共享存储系统由三大部分组成，即运行于主机的存储管理软件、互联网络及磁盘阵列网络存储设备。

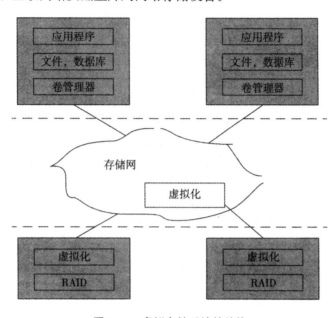

图 2-1　虚拟存储系统的结构

与之对应，可以分别在共享存储系统的三个层次上实现存储虚拟化，即基于主机的虚拟存储、基于网络的虚拟存储和基于存储设备的虚拟存储。各个层次的虚拟技术都各有特点，但其目的都是使共享存储更易于管理。

2.3.6　云存储技术

云存储是由云计算（Cloud Computing）概念延伸以及衍生发展而来的一个新的概念。云计算则是并行处理（Parallel Computing）、分布式处理（Distributed Computing）以及网格计算（Grid Computing）的发展，是借由网络把巨大的计算处理程序自动拆分为无数个相对较小的子程序，然后通过多部服务器所形成的庞大系统经运算分析之后，再把得到的处理结果传回给用户。借助云计算技术，网络服务提供者能够在短短的几秒内，处理数以千万计乃至上亿计的信息，达到提供与"超级计算机"一样强大的网络服务。与云计算的概念相类似，云存储是指凭借分布式文件系统、集群应用、网格技术等功能，通过应用软件将网络中大量不同类型的存储设备集合起来协同作用，实行共同对外提供数据存储以及业务访问功能的一个系统，这样既保证了数据的安全性，也节约了存储空间。简单说来，云存储就是将储存资源放到云上供用户存取的一种新兴方案，使用者不管处于何时何地都能够通过任何可联网的装置连接到云上，方便地存取数据。

云存储是一种新形态存储系统，它的产生是为了处理高速成长的数据量。云存储相比于传统的存储设备，不单单是一个硬件，更是一个由多个部分（如存储设备、网络设备、应用软件、接入网、公用访问接口、服务器、客户端程序等）组成的复杂系统。存储设备是各部分的核心，对外提供的数据存储以及业务访问服务主要通过应用软件来完成。云存储系统由4层组成：存储层、基础管理层、应用接口层和访问层，如图2-2所示。

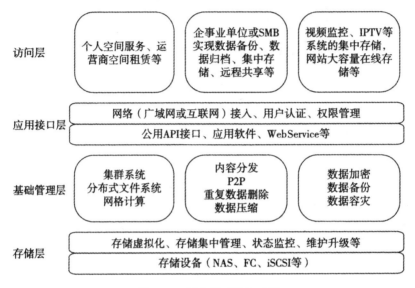

图2-2 云存储系统组成图

云存储的最基础部分就是存储层。存储设备可以是 IP 存储设备，如 ANS 和 iSCSI 等。也可以是 DAS 存储设备，如 SCSI 或者 SAS 以及 FC 光纤通道存储设备等。云存储中的存储设备通常分布在不同地域且数量非常庞大，通过互联网、广域网或 FC 光纤通道网络把各个存储设备连接在一起。统一存储设备管理系统在存储设备的上一层，它能够完成多链路冗余管理、存储设备的逻辑虚拟化管理以及硬件设备的状态监控与故障维护。

云存储最核心、最难以实现的部分是基础管理层。基础管理层的主要功能是使云存储中多个存储设备之间可以协同工作，以便对外提供同一种服务，能够提供更大、更好、更强的数据访问性能，它所采用的技术主要有集群系统、分布式文件系统和网格计算等。为了保证云存储中的数据不会被未授权的用户所访问，它还提供了 CDN 内容分发系统以及数据加密技术。同时，为了确保云存储中的数据不丢失以及云存储自身的安全和稳定，它还采取了各种数据备份、数据容灾技术和措施。

云存储中灵活性最好的部分是应用接口层。根据实际业务类型的不同，不同的云存储运营单位开发的应用服务接口及提供的应用服务也不一样。例如，在线音乐播放应用平台、网络硬盘应用平台、IPTV 和视频点播应用平台、远程教学应用平台等。

用户获得云存储系统的授权后，就可以通过标准的公用应用接口进行登录并享受云存储服务。云存储提供的访问类型和访问手段会根据云存储运营单位的不同而有所不同。

思考与练习

1. 数据存储的主要模式有哪些？

2. 新兴数据存储系统与传统关系型数据存储有哪些不同？

3. 海量数据存储的关键技术有哪些？

4. 数据集市的定义是什么？有什么特点？

5. 什么是元数据？

6. ETL 处理的主要过程是什么？

7. OLAP 技术用于数据仓库时，如何提高数据仓库的分析能力？

▶第3章

数据仓库

3.1 数据仓库概述

数据仓库是决策支持系统和联机分析应用数据源的结构化数据环境。本节主要从数据仓库的相关概念、体系结构、设计与实施等方面介绍数据仓库,同时阐述了数据的抽取、转换和装载以及联机分析处理等数据仓库技术。

3.1.1 数据仓库的相关概念

随着计算机技术的快速发展以及企业界新需求的不断提出,数据仓库技术的出现便水到渠成。尤其是在大数据时代背景下,传统的以单一的数据资源,即以数据库为中心的数据库技术已不能满足数据处理多样化的需要。当前的数据处理大致可以分为两种:操作型处理(或事务型处理)和分析型处理(或信息型处理)。操作型处理主要是为企业的特定应用服务的,是对数据库联机的日常操作,如对一个或一组记录进行查询和修改,人们普遍关心的是系统的响应时间以及数据的完整性和安全性。分析型处理主要是为管理人员的决策分析服务的,如 DSS、EIS 和多维分析等,这类服务经常要访问大量的历史数据。两者之间的巨大差异导致了操作型处理和分析型处理的必然分离。

3.1.1.1　数据仓库的定义

数据仓库（Data Warehouse）的概念来自于 W. H. Inmon 在 1992 年出版的《建立数据仓库》（*Building the Data Warehouse*）一书。数据仓库是以关系数据库、并行处理和分布式技术为基础的信息新技术。除此之外，业界对数据仓库的定义还有很多种。

W. H. Inmon 对数据仓库的定义：数据仓库是一个面向主题的、集成的、非易失的且随时间变化的数据集合，用来支持管理人员的决策。

SAS 软件研究所的观点：数据仓库是一种管理技术，旨在通过通畅、合理、全面的信息管理，达到有效的决策支持。

从数据仓库的定义可以看出，与数据库为事务处理服务不同，数据仓库明确是为决策支持服务的。

3.1.1.2　数据仓库的特点

从数据仓库的定义不难看出，数据仓库有 4 个主要特点：面向主题的、集成的、数据不可更新的、数据随时间不断变化的。

1. 数据仓库是面向主题的

面向主题是数据仓库中最主要的一个特点。数据仓库的数据是按照一定的主题域进行组织的，排除了对决策无用的数据，提供特定主题的简明视图，而传统数据库是面向应用进行数据组织的。主题是一个在较高层次上将企业信息系统中的数据进行综合、归类并分析利用的抽象概念，它是数据归类的标准。每一个主题在逻辑意义上是与企业中某一宏观分析领域所涉及的分析对象相对应的。所谓面向主题的数据组织是一种在较高层次上对分析对象的数据进行一个完整的、一致的描述，能够刻画各个分析对象所涉及的企业的各项数据以及数据之间联系的数据组织方式。其中较高层次指的是按照主题进行数据组织的方式，比面向应用的数据组织方式具有更高级别的数据抽象。

目前，数据仓库仍是采用关系数据库技术来实现的，即它的数据最终也用关系来表现，这里特别强调的是主题与面向主题这两个概念的逻辑意义。

在此以一家大型网上书店为例来说明面向主题与传统的面向应用两者之间数据组织方式的差别，以便读者更好地理解主题这一抽象概念。该网上书店按照业务建立起了采购、库存、销售以及人事管理子系统，并按照各自的业务处理的要求，建立了数据库模式。

（1）采购子系统。

①采购单（采购单号，出版社号，总金额，日期，采购员）。

②采购单细则（采购单号，书号，采购单价，数量，总价）。

③书（书号，书名，作者，类别，出版社号）。

④出版社（出版社号，出版社名，地址，电话）。

（2）库存管理子系统。

①领书单（领书单号，领书人，日期）。

②领书单细则（领书单号，书号，数量）。

③进书单（进书单号，采购单号，进书人，收书人，日期）。

④库存（书号，库房号，库存量，日期）。

⑤库房（库房号，仓库管理员，地点，库存商品描述）。

（3）销售子系统。

①会员（会员号，会员名，支付账号，会员等级，邮箱，电话）。

②销售（订单号，会员号，总金额，日期，收货人，收货地址，收货电话）。

③销售细则（订单号，书号，数量，销售单价，总价）。

④人事管理子系统。

⑤员工（员工号，姓名，性别，年龄，文化程度，部门号，职位号）。

⑥部门（部门号，部门名称，部门主管，电话）。

⑦职位（职位号，职位名称，职责描述）。

按照面向主题的方式，数据的组织分为两个步骤：抽取主题以及确定每个主题所包含的数据内容。按照分析的需求抽取主题，每个主题有着各自独立的逻辑内涵，对应着一个分析对象。仍以上面网上书店为例，通过概括各个分析领域的分析对象，综合后得到各个主题。它所应有的主题包括书籍、出版社、会员等，这3个主题具体应包含如下内容。

（1）书籍。

①书籍固有信息包括书号、书名、作者、类别等。

②书籍采购信息包括书号、出版社号、总金额、采购单价、数量、采购日期等。

③书籍销售信息包括书号、会员号、销售单价、销售日期、销售量等。

④书籍库存信息包括书号、库房号、库存量、日期等。

（2）出版社。

①出版社固有信息包括出版社号、出版社名、地址、电话等。

②供应书籍信息包括出版社号、书号、采购单价、采购日期、数量等。

（3）会员。

①会员固有信息包括会员号、会员名、支付账号、会员等级、邮箱、电话等。

②会员购书信息包括会员号、书号、销售单价、购买日期、购买量等。

现在以"书籍"这一主题为例，可以看到关于书籍的各种信息都已综合在"书籍"主题中了。它主要描述的内容包括两方面：①包含了书籍的固有信息，如书号、书名、作者以及类别等书籍的描述信息；②"书籍"主题中也包含书籍的流动信息，如描述了某书籍采购信息、书籍销售信息以及书籍库存信息等。与网上书店原有数据库的数据模式相比，可以看出以下两点：①在从面向应用到面向主题的转变过程中，丢弃了原来不必要的、不适于分析的信息，如有关采购单信息、领书单等内容就不再出现在主题中；②在原有的数据库模式中，关于书籍的信息是分散在各个子系统中的，根本没有形成一个关于书籍的完整的一致性描述，如书籍的采购信息存在于采购子系统中，书籍的销售信息则存在于销售子系统中，书籍库存信息却又存在于库存管理子系统中。而面向主题的数据组织方式就是强调要形成关于书籍的一致的信息集合，以便在此基础上针对"书籍"这一分析对象进行分析处理。

不同的主题之间也会有重叠的部分，这些重叠的部分往往是前面所说的第二方面的内容，如"书籍"主题的书籍采购信息同"出版社"主题的供应书籍信息都来自采购子系统，它们是相同的，这表现了"出版社"和"书籍"这两个主题之间的联系；"书籍"主题的书籍销售信息则同"会员"主题中的会员购书信息都来源于销售子系统，这表现的是"书籍"和"会员"之间的联系。有两点特别需要注意：①主题之间的重叠并不是同一数据内容的重复物理存储，而是逻辑上的重叠；②主题之间并不是两两重叠的，如"出版社"和"会员"两个主题间一般是没有重叠内容的，这表明"出版社"和"会员"之间是不直接发生联系的，它们之间的间接联系是通过"书籍"这一主题来体现的。

不同企业的主题也会不同，例如，对一家制造企业来说，销售、发货和存货都是非常重要的主题，而对于一家零售商来说，在付款柜台处的销售才是非常重要的主题。

主题只是一个逻辑的概念，它依然是基于关系数据库来实现的。在具体现实中，可将一个主题划分为多个表。但是数据仓库中的数据已经经过了一定程度的综合，而不再是业务处理的流水账。例如，书籍表中一条记录是某段时期内该本书采购、销售情况的总和。

2. 数据仓库的数据是集成的

数据仓库中的数据是抽取自原有的、分散的数据库中的数据。分析型数据与操作型数据之间存在着很大的差别：①数据仓库的每个主题所对应的原数据是分散在不同数据库中的，且是与不同的应用逻辑捆绑在一起的，不可避免地会出现许多重复和不一致的地方；②数据仓库中的综合数据不是对原有数据的简单复制，因此，数据仓库建设中最关键、最复杂的一步就是必须在数据进入数据仓库前，消除数据中不一致及错误的地方，对数据进行统一，以保证数据的质量。这要完成两项工作：统一原数据中所有矛盾之处，以及进行数据综合和计算。

3. 数据仓库的数据是不可更新的

数据仓库中的数据在通常情况下是不会进行修改操作的，它所涉及的主要数据操作是数据查询，供企业决策分析之用。数据仓库中的数据并非是简单的联机处理的数据，而是不同时点的数据库快照的集合以及基于这些快照来统计、综合、重组的导出数据，反映的是一段相当长的时间内历史数据的内容。存放在数据仓库中的数据是之前数据库中通过联机处理的数据集成后输入进去的，它是有存储期限的，一旦超过这个存储期限，便从当前的数据仓库中将这些数据删去。数据仓库管理系统 DWMS 相比 DBMS 而言要简单得多，因为数据仓库中通常只对数据查询进行操作。在数据仓库的管理中，几乎可以将 DBMS 中许多像完整性保护、并发控制这样的技术难点省去，但是数据仓库对数据查询的要求却比 DBMS 要高得多。因为数据仓库所涉及的主要数据操作就是数据查询，且其查询数据量往往很大，因此就要求运用各种各样繁复的索引技术。另外，由于企业的高层管理者是数据仓库服务主要面向的客户，因而对数据查询界面的友好性以及数据表示提出了更高的要求。

4. 数据仓库的数据是随时间不断变化的

对应用而言，数据仓库中的数据是不可更新的，但并不意味着数据进入到数据仓库以后就永远不变，而是数据仓库的用户在进行分析处理时没有进行数据更新操作。数据仓库的这一特征主要有以下 3 方面的表现。

首先，随着时间的改变，新的数据内容将被增加到数据仓库里。数据仓库系统将捕捉 OLTP 数据库中变化的数据，生成 OLTP 数据库快照，数据经过统一集成后不断地追加到数据仓库中；捕捉到的新的变化数据以新的数据库快照形式增加到数据仓库中，而非对先前的数据库快照进行修改，先前已经获取的数据库快照是不再变化的。

其次，数据仓库会根据时间的变化将旧的数据内容逐渐删除。数据仓库中的数据并非永远存在于数据仓库中，与数据库中的数据一样，它也有一定的存储期限，当数据超过该期限时，过期的数据将会被自动删去。与数据库不同的是，数据仓库内的数据时限要长得多。为了适应 DSS 进行趋势分析的需求，数据在数据仓库中一般需要保存较长时间（如 5～10 年），而在操作型环境中，数据一般只保存 60～90 天。

最后，数据仓库中含有许多与时间相关的综合数据，随着时间的不断变化，这些数据都需要重新进行综合。如经常需要根据时间段来综合数据，或是间隔一段时间片就对数据展开抽样等。为此，为了标明数据的历史时期，数据仓库数据的码键都要包含时间项。

3.1.1.3 数据集市

数据仓库的工作范围和成本通常是巨大的。信息技术部门必须对所有的用户站在全企业的角度对待任何一次决策分析，这样会以巨大的金钱与时间为代价，这是许多企业不愿意或者不能够承担的。为了应对这种情况，一种提供更紧密集成的、拥有完整图形接口并且以价格优势吸引人的工具——数据集市就应运而生了。

数据集市（Data Marts）是一种更小、更集中的，具有特定应用的，部门级的数据仓库，可以按业务的分类来组织数据集市。数据集市一般针对具有战略意义的应用或者是具体部门级的应用，包含的是有关该特定业务领域的数据，如人力资源、财务、销售、市场等。数据集市非常灵活，不同的数据集市可以分布在不同的物理平台上，也可以逻辑地分布于同一物理平台上。因此，数据集市可以独立地实施，企业人员也可以快速获取信息。由于数据集市的结构简单，即使其数据增长，管理也较容易。当数据集市中加入了越来越多的主题时，就应将这些数据集市加以集成，最终建立起一种结构，即构成企业级数据仓库的数据。因此，可以把数据仓库作为一组数据集市来实施，每次实施一个。但是，在实施之前，应该有全局的观点，先使不同的数据集市中的数据内容有统一的数据类型、字段长度、精度和语义，这样，就可以使数据集市在扩展后集成为全企业级的数据仓库了。如果采用这种方法来实施，数据集市就是整个数据仓库系统的逻辑子集。

数据集市的特性主要有：①规模小；②特定的应用；③面向部门；④由业务部门定义、设计、开发以及管理和维护；⑤快速实现；⑥价格低廉；⑦投资快速回收；⑧工具集紧密集成；⑨更详细的、预先存在的数据仓库的摘要子集；⑩可升级到完整的数据仓库。

3.1.1.4　数据粒度与分割

数据仓库中极为重要的概念之一是粒度。粒度指的是数据仓库中数据单位所保存数据的细化或者综合程度的级别。数据的粒度是数据仓库设计的一个主要方面。它深刻影响着存放在数据仓库中的数据量的大小和数据仓库可以回答的查询类型。越小的粒度其数据的细节反映程度越高，综合程度越低，这样就能回答越多的查询种类。相反，越大的粒度其数据的细节反映程度越低，综合程度就越高，只能回答综合性的问题。粒度并不是越大或者越小就好，针对不同类型的问题，对粒度大小的要求也不同。如果数据粒度设计得不合理，就会造成对大量细节数据进行综合并计算答案，使得效率变得十分低下；或者有时需要细节数据时却又不能满足。所以，要在查询效率和回答细节问题能力之间做好平衡。

因此，多重粒度在数据仓库中是不可避免的，应根据查询的需求合理地设计数据的粒度。数据仓库主要是面向 DSS 分析的，只有极少数的查询涉及细节，其他绝大部分查询都是基于一定程度的综合数据之上。故而为了大幅度提高绝大多数查询性能，应该把大粒度数据存储在快速设备（如磁盘）上，而把小粒度数据存储在低速设备（如磁带）上，这样即使需要对细节进行查询也能够满足。

数据仓库中的另一重要概念是分割。它是指把数据分散到不同的物理单元，从而可以分别处理，来提高数据处理的效率。通常把数据分割之后的数据单元称为分片。在实际分析处理时，对于存在某种相关性的数据集合的分析是极其常见的，例如，对某个地区、某个时间或时段，又或者特定业务范围的数据的分析等。毫无疑问，将这些具有某种相关性的数据组织在一起将会大大提高效率，因此，需要对数据进行分割。

数据分割使数据仓库的开发人员和用户有了更大的灵活性，可以按照实际情况来确定分割的标准。通常可以根据地域、日期或业务范围等指标来进行分割，也可以根据多个分割标准的组合来加以分割。一般分割标准都要包含日期项，这样就能使分割十分自然且均匀。小单元内的数据在分割之后就会变得相对独立，加快处理速度。数据分割使数据的索引、重组、重构、恢复、监控和顺序扫描变得更简单。

3.1.1.5　元数据

与传统数据库中的数据字典类似，元数据（Metadata）是数据仓库的一部分不可或缺的重要数据。它是"关于数据的数据",描述的是数据仓库中数据的结构、内容、码以及索引等。在数据仓库中,元数据有着比数据字典更加丰富和复杂的内容,主要有两种元数据:第一种元数据包含了所有原数据项名、属性以及它在数据仓库中的转换,它是为了从操作型环境向数据仓库环境转换而建立的;第二种元数据称为 DSS 元数据,是在数据仓库中用来在终端用户的多维商业模型以及前端工具间建立映射,一般是为了开发出更加先进的决策支持工具而创建的。

元数据在数据仓库的建造以及运行中的作用极为重要,它描述了数据仓库中的各个对象,是数据仓库的核心,遍及数据仓库的各个方面。数据仓库中的元数据的主要作用有:定义数据仓库中有什么;指明数据仓库中信息的内容及位置;刻画数据的抽取和转换规则;存储和数据仓库主题相关的各种商业信息。元数据是整个数据仓库运行的基础,如数据的修改、跟踪、抽取、装入和综合等都是依赖于元数据的。故而,有效管理数据仓库的一个重要前提就是拥有描述能力强、内容完善的元数据。元数据可分为 4 类:关于数据源的元数据、关于数据模型的元数据、关于数据仓库映射的元数据以及关于数据仓库使用的元数据。

表 3-1 为一个元数据的例子,它定义的是数据仓库中的一个表。

表 3-1　元数据例表

	逻辑名	会员
Tahle	定义	在网上书店购买的书籍的个人或组织
	物理存储	DB. table（数据库表）
	表编辑程序名	VALCSTMR（程序名）

3.1.1.6　数据模型

不同于数据库的是,数据的多维视图是数据仓库中存储的数据模型,它对前端工具、数据仓库的设计和 OLAP 的查询引擎有直接的影响。

在多维数据模型中,有一部分由一组提供测量值上下文关系的"维"来决定的数据测量值(如销售量、产量、利润等)。以销售量为例,它与销售时间、销售区域和产品名称相关,由这些相关的维唯一地决定了这个销售测量值(如 2013 年奥迪汽车在中国的销售量为 50 万辆)。因此,将数据测量值存放在由层次的维构成的多维空间所构成的图就是多维数据视图。在多维数据模型中,还可以对一个或多个维作集合运算,例如,按省份和季度对销量进行计算和排序,可以看出不同省份、不同季度的销售情况。一般情况下,时间维对决策中的许多分析都很重要,它是一个具有特殊意义的维度。

可以使用不同的存储机制以及表示模式来实现逻辑上的多维数据模型。一般使用的是星型模型、雪花模型、星网模型和第三范式等多维数据模型。

1. 星型模型

星型模型是大部分数据仓库经常采用的一种模型。事实表是星型模式的核心,其他的维表则围绕这个核心表呈现星型分布。维表只与事实表关联，与其他维表则没有任何联系，每个维表只能有一个主码，且该主码同时作为与事实表连接的外码被放在事实表中。事实表中存放了大量的事实数据，且非规范化程度非常高，如在相同的表中出现多个时期的数据。描述性数据存放在维表中。图 3-1 所示是一个星型模式实例。

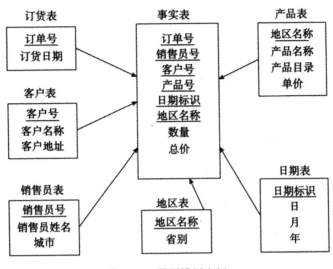

图 3-1　星型模型实例

事实表中有大量的记录，而维表中则只有较少的记录。由于针对各个维做了大量的预处理（按照维进行预先统计、分类和排序等），星型模型的数据存取速度较快。例如，预先根据汽车的型号、销售地区以及时间进行销售量的统计，在制作报表时，速度就会加快。

与完全规范化的关系设计相比较，星型模型有着一些明显的差异，它使用大量的非规范化数据，以潜在的存储空间为代价来优化速度。因此星型模型存在很大的数据冗余，因此不适合用于数据量大的情况。此外，星型模型限制了事实表中数量属性的个数，当业务问题发生变化，原来的维不能满足要求时，就需要增加新的维，这种维的变化带来的数据变化是非常复杂且耗时的，因为事实表的主键是由所有维表的主键构成的。

2. 雪花模型

通过将星型模型的维表更进一步地层次化便得到了雪花模型，将原来的各维表扩展成小的事实表，从而产生一些局部的"层次"区域。它的优点是可使数据的存储量极大限度地降低，同时改善了查询性能，它还将较小的维表联合在了一起。

雪花模型的这种方式使系统更进一步专业化和实用化，同时也加大了一些查询的复杂性和用户必须处理的表的数量，而使系统的通用程度下降。数据仓库利用前端工具把用户的需求转变成雪花模型的物理模式，从而完成对数据的查询。

在上面的星型模型中，分别对"产品表""日期表""地区表"进行扩展，形成雪花模型数据，如图 3-2 所示。

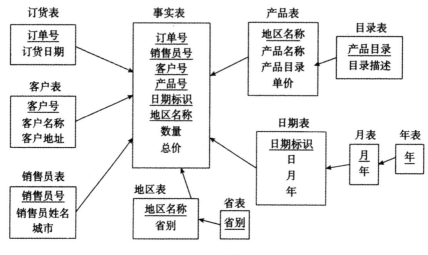

图 3－2 雪花模型实例

3. 星网模型

将多个星型模型连接起来形成的网状结构就是星网模型。通过相同的维（如时间维），多个星网模型可以连接多个事实表。

4. 第三范式

范式是符合某一种级别的关系模式的集合，是关系型数据库的构造过程中必须遵循的规则。目前关系型数据库主要有 6 种范式：第一范式（INF）、第二范式（2NF）、第三范式（3NF）、第四范式（4NF）、第五范式（5NF）以及第六范式（6NF）。各种范式之间的联系是：第二范式是在第一范式的基础上建立起来的，比第一范式满足更多的条件，第三范式则是在第二范式的基础上满足更多的条件建立的，以此类推，便得到各类范式之间的关系。一般情况下，数据库要求满足第三范式就可以了。

第三范式（3NF）指的是这样一种关系，即关系模式中的所有非主属性对任何候选关键字都不存在传递依赖。也就是说，第三范式要求一个数据库表不包含已在其他表中包含的非关键字信息。例如，关系 Student（Sno，Sname，Dno，Dname，Location），关系中的各个属性分别表示学号、姓名、系院号、系院名以及系院地址。其中 Sno 为关键字，其余各个非主属性完全依赖于 Sno 这一关键字，所以此关系属于第二范式。关系 Student 中，对属性 Dno，Dname 以及 Location 进行存储、插入、删除以及修改操作时会出现重复的情况，所以此关系存在大量的冗余。造成冗余的原因是此关系中存在传递依赖，即 Sno→Dno，Dno→Location，而由于没有 Dno→Sno，所以 Sno 对 Location 的决定是通过传递依赖实现的，换句话说，Sno 不直接决定非主属性 Location。要使每个关系模式中不存在传递依赖，则可以将关系 Student 分为两个关系：S（Sno，Sname，Dno）和 D（Dno，Dname，Location），这两个关系属于第三范式。

3.1.2 数据仓库体系结构

数据仓库的不同部分组合在一起就组成了数据仓库的体系结构。体系结构提供了设计开发和部署数据仓库的整体框架结构。本节主要介绍了数据仓库的数据组织结构、系统结构以及运行结构等内容。

1. 数据仓库的数据组织结构

图 3-3 所示是一个经典的数据仓库数据组织结构图。

数据在数据仓库中分成早期细节级、当前细节级、轻度综合级以及高度综合级 4 个级别。一般送入早期细节级的数据都是老化的数据,被综合之后的源数据,先要进入到当前细节级,接着根据具体需要选择进一步地综合,从而进入轻度综合级甚至高度综合级。

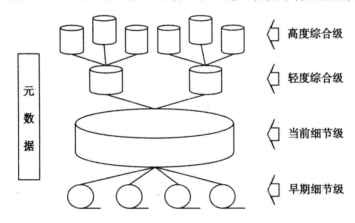

图 3-3 数据仓库数据组织结构图

2. 数据仓库系统结构

数据仓库系统分为 3 部分,分别是数据仓库管理、数据仓库以及分析工具。数据仓库系统结构图如图 3-4 所示。

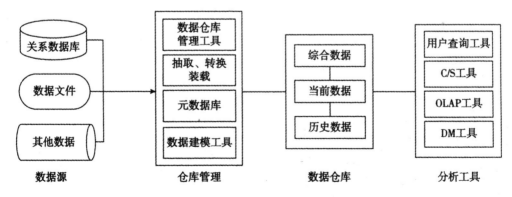

图 3-4 数据仓库系统结构图

数据仓库从各种数据源中获取数据。数据源可以是企业内部原有的关系数据库,也可以是企业外部的第三方市场调查报告或者各种文档提供的数据。当明确数据仓库信息是什么需求之后，先要对数据进行建模，接着是确定从源数据到数据仓库的 ETL 过程，最后进行维数划分和数据仓库的物理存储结构的确定。依靠数据仓库管理系统（DWMS）来完成仓库的管理工作，包括对数据的安全、备份、归档、维护和恢复等。数据仓库管理系统由定义部件、数据获取部件、管理部件、目录部件（元数据）及 DBMS 部件组成。

由于数据仓库的数据量很大，为了能够从数据仓库中获得能够辅助决策的信息，完成决策支持系统的多项要求，一套具有强大功能的分析工具对于数据仓库来说必不可少。目前分析工具集主要包括两类：查询工具及挖掘工具。数据仓库的查询通常是指对分析要求的查询，一般包含可视化工具和多维分析（OIAP）工具两种。

3. 数据仓库运行结构

数据仓库运行结构是经典的客户/服务器（C/S）形式。数据仓库采用的是服务器结构的形式，服务器端需要完成多种辅助决策的 SQL 查询、复杂的计算以及各类综合功能等。客户端完成的工作主要包括格式化查询、客户交互、结果显示以及报表生成等。现在，在客户与数据仓库服务器之间增加一个多维数据分析（OIAP）服务器的 3 层 C/S 结构形式越来越普遍，如图 3-5 所示。

图 3-5　数据仓库应用的 3 层 C/S 结构

这种 3 层结构形式使数据仓库应用工作效率更高，位于客户端和数据仓库服务器之间的 OLAP 服务器对原客户端和数据仓库服务器的部分工作进行了集中以及简化，使得决策支持的服务工作被加强与规范化，减少了系统数据的传输量。

3.1.3　数据仓库设计与实施

面向主题的、集成的、不可更新的以及随时间的变化不断变化是数据仓库的特点，这些特点导致传统的数据库开发所使用的设计方法并不适用于数据仓库的系统设计。不同于传统数据库开发的是：数据仓库系统的开发者在最初并不能够确切地了解到用户的明确而详细的需求，因为数据仓库系统的原始需求是不明确的，也会不断变化与增加，用户只能提供部分需求或者是需求的大方向，对将来的需求更是无法确切地预料。为此，运用原型法对数据仓库进行开发是一种合适的方法。原型法是一种先从构建简单的基本框架入手，然后再不断丰富完善整个系统的一种软件开发方法。然而，数据仓库的设计并不等同于寻常意义上的原型法，而通常是由数据来驱动数据仓库的设计。数据仓库的开发主要是在原有的数据库系统基础上开展的，它的目的是对已有数据库中的数据资源进行有效的抽取、综合、集成和挖掘。原型法与系统生命周期法的主要区别在于数据仓库的开发是一个不断循环、反馈，从而使系统不断增长和完善的过程。图 3-6 形象地说明了构建数据仓库的这个过程。

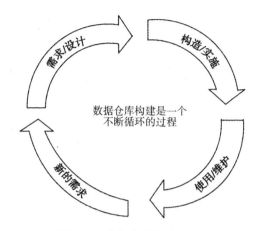

图 3-6　数据仓库构建过程图

虽然如此，数据仓库的设计并非毫无步骤可言，其步骤如图 3-7 所示。

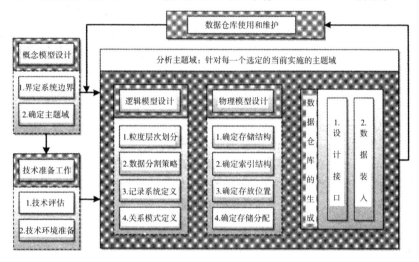

图 3-7　数据仓库设计的步骤

需要说明的是，数据仓库设计的步骤并不像上图描述的那么绝对，决策人员与开发者在数据仓库的开发过程中要自始至终共同参与和密切协作，始终以为企业开发数据仓库为目的，保持灵活的头脑，合理安排工作。

下面分别对图 3-7 所示的 6 个主要设计步骤进行介绍。

1. 概念模型设计

概念模型是概念型工具，它是连接主观与客观之间的桥梁，是为一定的目标设计系统以及收集信息服务的。在原有数据库的基础上建立一个较为稳固的概念模型是概念模型设计阶段希望获得的结果。通过集成和重组原有数据库系统中的数据，最终形成的数据集合也就是数据仓库。因此在数据仓库的概念模型设计过程中，如何进行数据仓库系统的概念模型设计并不是首要任务，而是应该先分析和理解原有数据库系统，了解在原数据库系统中有什么、数据如何组织及分布等。首先，要对现有数据库中的内容进行一个全面而清晰的了解，这一过程是通过查看原来数据库的设计文档和数据字典中的数据库关系模式来实现的；其次，数据仓库是面向全局建立的概念模型，它提供了一个统一的概念视图以集成来自各个面向应用的数据库的数据。概念模型的设计主要是在概念层次上进行的，所以在进行概念模型建立时，具体的技术条件限制并不在考虑范围内。

概念模型设计所包含的工作主要是确定系统边界和系统所包含的主题域。

2. 技术准备工作

管理数据仓库的技术要求与操作型环境中的要求有很大区别，而且两者考虑的方面也不同。通常情况下，都是从操作型数据中将分析型数据分离开，把它们放于数据仓库之中。技术评估和技术环境准备是技术准备阶段的主要工作。这一阶段的主要成果应有软硬件配置方案、技术评估报告以及系统（软、硬件）总体设计方案。

3. 逻辑模型设计

逻辑模型设计阶段主要进行的工作有：分析主题域，同时确定当前需要装载的主题；确定粒度层次划分以及数据分割策略；定义关系模式和记录系统。通过定义每一个当前要装载的主题的逻辑来实现逻辑模型设计的成果，且在元数据中记录相关内容，其中包括适当的粒度划分以及表划分、定义合适的数据来源、合理的数据分割策略等。

4. 物理模型设计

物理模型设计的主要工作是对数据的存储结构和存放位置进行确定，并明确索引策略及存储分配。要确保数据仓库物理模型的实现，对设计人员应有以下几方面要求：

（1）能够对所选用的数据库管理系统有全面的了解，确定数据的存储结构与存取方法。

（2）能够对影响系统时间和空间效率的平衡、优化的重要依据有所了解，诸如数据使用频度、使用方法、数据规模、数据环境和响应时间要求等。

（3）确定索引策略，索引一旦建立就几乎不需要维护，但是在建立专用的、复杂的索引时却要付出一定的代价。

（4）确定存储分配及数据存放位置，对外部存储设备的特性（如分块原则、块大小的规定、设备的 I/O 特性等）有所了解。

5. 数据仓库的生成

在两个环境不相同的记录系统之间建立一个接口，通过这个接口，才能将原数据库中的数据装载到数据仓库环境中。该接口应具备的功能包括：有效扫描现有记录系统，从面向应用和操作的环境中生成完整的数据，基于时间将数据进行转换、清洗、集成及更新数据。在接口设计完成之后，要通过运行接口程序，将数据装入到数据仓库中去。

6. 数据仓库使用和维护

在数据仓库建立完成，数据被加载到数据仓库之后，还需要对数据仓库进行后续的使用进行管理和维护。一方面，要在数据仓库中建立起 DSS 应用以使数据仓库中的数据能够服务于决策分析；一方面，开发人员可以根据用户的使用情况以及反馈得到的新需求，对系统做进一步的完善；另一方面，要对数据仓库中的一些日常活动进行管理，如对粒度级别进行调整、管理元数据、对数据仓库当前的具体数据进行刷新、将过时的数据转变为历史数据、不再使用的数据清除掉等。

3.1.4　数据抽取、转换和装载

数据仓库中的数据来自多种业务数据源。不可避免地，不同原始数据库中的数据来源、格式是不一样的，因而在系统实施、数据整合过程中会出现一系列问题，必须经过抽取、转换和装载的过程，才能把数据库中的数据真正存储到数据仓库中去，这个过程就是ETL过程。ETL过程将对源系统中的相关数据进行改造，使它们变成有用的信息存储在数据仓库中。不能对源数据进行正确的抽取、清洗以及用正确的格式进行整合，就没有数据仓库中的战略信息，也就不能进行数据仓库的查询处理功能。

1. ETL 概述

ETL 是用来实现异构多数据源的数据集成的工具，是数据仓库、数据挖掘和商业智能等技术的基石。

ETL 工具的功能包括：

（1）数据的抽取。将数据从不同的网络、不同的操作平台、不同的数据库及数据格式、不同的应用中抽取出来。

（2）数据的转换。数据转换（数据的合并、汇总、过滤、转换等）、重新格式化和计算数据、重新构建关键数据以及总结与定位数据。

（3）数据的装载。将数据跨网络、操作平台装载到目标数据库中。

ETL 的每一个部分都要达到一个重要的目标，每个功能都非常重要。由于源系统的性质，这对 ETL 提供的功能也很具有挑战性。源系统种类繁多，彼此差异较大，通常ETL 需要应对多个平台上的操作系统，而且很多源系统都是采用过时技术的陈旧应用系统。对数据仓库而言，至关重要的是历史数据，这些数据往往是不被保存在操作型系统中的。很多旧系统中的数据质量也各不相同，需要花费大量的时间进行处理。源系统之间的数据普遍缺乏一致性，随着时间的变化，数据结构也可能会发生变化。

在整个项目中，ETL 功能设计、测试和部署不同处理过程会占用很大一部分工作量。源系统的性质和复杂程度使得数据抽取本身很复杂，源系统的元数据包含源系统中每一个数据库和每一个数据结构的信息。在数据转换过程中，要应用多种形式的转换技术，必须重新定义内部数据结构，对数据重新排序，应用多种形式的转换技术，给缺失值增加新的默认值，设计性能优化所需要的所有聚集。最初的装载工作可能会往数据仓库中存入数以百万计的数据行，有时可能会花两周甚至更多的时间来完成最初的物理装载。总之，数据的抽取、转换、装载都是费劲且耗时的工作。

ETL 处理过程的主要步骤如图 3-8 所示。

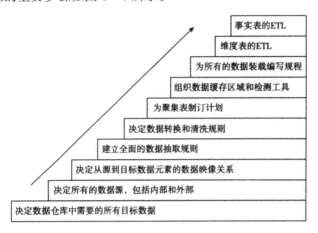

图 3-8　ETL 处理过程的主要步骤

2. 数据抽取

数据抽取就是一个从数据源中抽取数据的过程。具体来说，就是搜索整个数据源，使用某些标准选择合乎要求的数据，并把这些数据传送到目标文件中。对于数据仓库来说，必须根据增量装载工作和初始完成装载的变化来抽取数据。对于操作型系统来说，则需要一次性抽取和数据转换。这两个因素增加了数据抽取工作的复杂性，而且，也促使在内部编写代码和脚本的基础上使用第三方数据抽取工具。一方面，使用第三方工具往往会比内部编程更贵，但是它们记录了自己的元数据；另一方面，内部编程增加了维护的成本，当源系统变化时，也很难维护。而第三方的工具则提供内在的灵活性，只需要改变它的输入参数就可以了。

数据仓库的成功首先取决于有效的数据抽取，所以需要对数据仓库的数据抽取策略的制定给予特别关注。数据抽取的要点包括：确认数据的源系统及结构；针对每个数据源定义抽取过程（人工抽取还是基于工具抽取），确定数据抽取的频率，表示抽取过程进程的时间窗口；决定抽取任务的顺序；决定如何处理无法抽取的输入记录。

通常，源系统的数据是以两种方式来存放的：当前值和周期性的状态。源系统中的大多数数据都是当前值类型，这里存储的属性值代表的是当前时刻的属性值，但这个值是暂时的，当事务发生时，这个值就会发生变化。周期性的状态指的是属性值存储的是每次发生变化时的状态。对于这个类型的操作型数据进行数据抽取工作会相对容易很多，因为其变化的历史存储在源系统本身当中。

从源操作系统中抽取的数据主要有两种类型：静态数据和修正数据。静态数据是在一个给定时刻捕获的数据，就像是相关源数据在某个特定时刻的快照。对于当前数据或者暂时的数据来说，这个捕获过程包括所有需要的暂时数据。对于周期性数据来说，这一数据捕获包括每一个源操作型系统中可以获得的每个时间点的每一个状态或者事件。在数据仓库的初始装载时一般使用静态数据捕获。修正数据也称为追加的数据捕获，是最后一次捕获数据后的修正。修正数据可以是立刻进行的，也可以是延缓进行的。在立即型的数据捕获中，有3种数据抽取的方法：通过交易日志捕获；从数据库触发器中捕获；从源应用程序中捕获。延缓的数据抽取有两种方法：基于日期和时间标记的捕获与通过文件的比较来捕获。

3. 数据转换

抽取后的数据是没有经过加工的，这些数据的质量并没有像数据仓库要求的那样好，是不能直接应用于数据仓库的，必须将所有抽取的数据转换为数据仓库可以使用的数据。数据转换的一个重要任务就是提高数据质量，包括补充已抽取数据中的缺失值、去除脏数据、修正错误格式等。

数据转换功能包含一些基本任务：选择、分离/合并、转化、汇总和丰富。转换功能主要完成格式修正、字段的解码、计算值和导出值、单个字段的分离、信息的合并、特征集合转化、度量单位的转化、日期/时间转化、汇总、键的重新构造等。

由于数据转换的复杂性和涉及范围广，仅靠手工操作是难以完成的，因此，使用转换工具是一种有效的方法。使用转换工具的主要优点就是在数据转换过程中，转换参数和规则都会作为元数据被工具存储起来，这些元数据就会成为数据仓库整个元数据集合的一部分，可以被其他部分共享。尽管转换工具的理想目标是排除手工的方法，但是在实际工作中这却是不可能实现的，即使有最精良的转换工具组合，也要准备好使用内部开发的程序。将转换工具和手工方法两者结合才是最好的办法。

4. 数据装载

数据装载是指在将数据最终复制到数据仓库之前，把它们复制到一个中间位置。数据仓库的装载工作需要大量的时间，在理想状况下，应在操作系统不忙时进行数据的复制，并确保了解自己的商务及其支持系统。确保已经完成了大量的更新，否则不应进行数据的移动。如果数据仓库中的数据来自多个相互关联的操作系统，就应该确保在这些系统同步工作时移动数据。

为了能够高效和及时地把数据装载到数据仓库中，一般都要利用选定的批量装载程序。批量装载程序一般应包括的功能有按索引对文件进行排序、数据类型转换和操作以及数据统计。

5. ETL 工具

ETL 工具所要完成的主要工作包括 3 个方面。首先，在数据仓库和业务系统之间搭建起一座桥梁，确保新的业务数据能够源源不断地进入数据仓库。其次，用户的分析和应用能够反映最新的业务动态，虽然 ETL 在数据仓库架构的 3 部分中技术含量并不高，但其涉及大量的业务逻辑和异构环境，因此在一般的数据仓库项目中，ETL 部分往往会消耗最多的精力。最后，从整体角度来看，ETL 的主要作用是为各种基于数据仓库的分析和应用提供统一的数据接口，屏蔽复杂的业务逻辑，而这正是构建数据仓库最重要的意义所在。ETL 工具的正确选择可以从多方面考虑，如 ETL 对平台的支持、对数据源的支持、数据转换功能、管理和调度功能、集成和开放性、对元数据管理等功能。

随着各种应用系统数据量的飞速增长，以及对业务可靠性等要求的不断提高，人们对数据抽取工具的要求也在不断提高。比如往往要求对几十、上百个 GB 的数据进行抽取、转换和装载工作，这种挑战毋庸置疑会要求抽取工具对高性能的硬件和主机提供更多支持。因此，从数据抽取工具支持的平台，可以判断出它能否胜任企业的环境，目前主流的平台包括 SUN Solaris、HP-UX、IBM AIX、AS/400、OS/390、Sco UNIX、Linux 和 Windows 等。

由于对数据抽取的要求越来越高以及专业 ETL 工具的不断涌现，ETL 过程早已不再是一个简单的小程序就可以完成的。目前主流的工具都采用多线程、分布式、负载均衡、集中管理等高性能、高可靠性、易管理和可扩展的多层体系架构。

专业的 ETL 厂商和主流工具主要有 OWB (Oracle Warehouse Builder)、ODI (Oracle DataIntegrator)、Informatic PowerCenter (Informatica 公司)、AICloudETL、DataStage (Ascential 公司)、Repository Explorer、Beeload、Kettle、DataSpider、ETL Automation (NCR Teradata 公司)、Data Integrator (Business Objects 公司) 和 DecisionStream (Cognos 公司)。

6. ETL 的展望

ETL 有着广阔的发展空间，只有基于数据 ETL、数据仓库、数据挖掘以及商业智能等技术才能更好地实现，从而为企业提供决策与预测的基本素材。伴随着现实需求的强劲推动，ETL 逐渐成为当前信息技术最活跃的研究领域之一，呈现出通用化、高效化、智能化这三大发展趋势。

企业不管是进行当前事务处理，还是未来预测，其前提就是数据，而提供综合且高品质的数据正是 ETL 的目的，因此它必然要为众多的高层信息系统提供服务，成为企业各类应用的基础。只有具备良好通用性的 ETL 软件才能占领未来市场，为此，对未来的 ETL 软件提出以下几点要求：能够跨网络、跨平台使用；能够支持尽可能多的数据库管理系统 (DBMS)、文件系统和数据采集、处理系统；具备良好的可扩展性，对于新的应用能够通过预订的应用程序接口 (API) 或标准化语言接口编程，以较小的代价实现互联。元数据的标准化、程序逻辑与数据的统一化等相关技术的发展，为 ETI 提高通用性提供了动力。

由于针对的是海量数据，ETL 对效率极为重视，未来的 ETL 工具将是高效的数据集成工具。高度的可伸缩性是其必备条件之一，不管是在昂贵的主机系统上，还是在工作站或 PC 机上，都能够运行 ETL。为了能够真正避免重复集成，更加出色、高效地抽取、加载和清洗算法，增量的 ETL 算法将成为主流。此外，采用并行算法、集群计算、网络运算的 ETL 工具将领导潮流，为 ETL 提供廉价高效的计算资源，提高计算性价比。

高度的智能也是未来 ETL 必备的特征之一。此处将广泛应用专家系统、机器学习、神经网络、人工智能 (AI) 技术等领域的成果，由机器智能来完成数据源管理、ETL 规则定制、数据质量保证等工作，这会在很大程度上减轻用户的工作量，很多枯燥而繁重的数据集成工作将由 ETL 来完成。ETL 工具的使用也会不断简化，通过运用智能工具，普通用户也能轻松而高效地完成数据的集成与清洗工作。

决定数据仓库能否获取高质量数据的核心是 ETL 工具,利用 ETL 工具能够解决各种应用数据零散分布、品质低下的现状,将各种异构信息根据决策需求集中到数据仓库中。待集成多数据源的异构性成为 ETL 最大的挑战,为了降低系统实现的难度,将数据转化的逻辑规范和物理实现分开管理,通常要把实施 ETL 过程划分为模式集成与数据集成两个阶段。

3.1.5　联机分析处理

数据仓库系统包括数据仓库层、工具层和它们之间的相互关系。数据仓库系统是由多种技术组成的综合体,主要包括数据仓库、数据仓库管理系统以及数据仓库工具 3 个部分。在整个系统中,数据仓库是信息挖掘的基础,处于核心地位;数据仓库管理系统则是整个系统的引擎,承担管理整个系统运转的责任;而整个系统发挥作用的关键是数据仓库工具,数据仓库唯有采用高效的工具才可以真正将其数据仓库的作用发挥出来。

数据仓库的目标决定了一般的查询工具无法满足数据仓库真正的需求,它需要拥有分析功能更加强大的工具。此处的查询并不只是对记录级数据的查询(可能会存在此类查询,但绝不会多),更多的是对分析结果(发展趋势或模式总结)的查询,因此对更加友好的表达方式提出要求。例如,为了使用户能更方便、更清晰、更直观地了解复杂的查询结果而采用各种图形和报表工具。数据仓库中最主要的工具是分析型工具。用户或许有各种各样的方式从数据仓库采掘信息,然而大致上都可以分为验证型(Verification)和发掘型(Discovery)这两种模式。验证型指的是用户利用各种工具通过反复的、递归的检索查询,对自己先前提出的假设进行验证或是否定。多维分析工具是主要的验证型工具。联机分析处理(OIAP)就需要利用多维分析工具。与验证型的工具不同,发掘型的工具并不需要事先提出假设,而是直接从海量数据中发现数据模式,从而预测趋势和行为。发掘型的工具主要是指数据挖掘(Data Mining)。

接下来将介绍 OLAP 的相关知识。

3.1.5.1　OLAP 的基本概念

OLAP(On-Line Analytical Processing)是联机分析处理的简称,是由关系数据库之父 E. F. Codd 于 1993 年提出的。随着市场竞争的日趋激烈,企业更加注重决策的即时性和准确性,E. F. Codd 认为终端用户对数据库查询分析的需求早已不满足于联机事务处理(OITP),用户分析的需求也不满足于 SQL 对大数据库的简单查询。由于关系数据库不能进行大量计算,所以查询的结果并不能满足决策者提出的需求,导致用户的决策分析无法得到想要的结果。

OLAP 委员会对联机分析处理的定义为:从原始数据中转化出来的、能够真实反映企业多维特性,并能够真正为用户所理解的数据称为信息数据。联机分析处理是能够获得对数据更深入了解的一类软件技术,能使分析人员、管理人员或执行人员对信息数据从多种角度进行快速、交互、一致地存取,目前所指的联机分析处理,主要是指对数据的一系列交互查询的过程,这些查询过程要求对数据进行多层次、多阶段的分析处理,以获得高度归纳的信息。从作用上来说，联机分析处理是一种快速软件技术，能够实现多维信息共享，针对特定问题的联机数据访问和分析。OLAP 也可以说是多维数据分析工具的集合，其目标是满足多维环境下，对特定的查询和报表需求或决策支持，其中"维"是它的技术核心。

OLAP 技术的主要特点有以下两个：一是在线性（On-line），表现为能快速响应和交互操作用户请求；二是多维分析（Multi-Analysis），即是 OLAP 技术的核心所在。

多维分析是指采用切片、切块、旋转等各种分析动作，对以多维形式组织起来的数据进行剖析，使最终用户对数据库中的数据进行多角度、多侧面的观察，从而更深入地了解包含在数据中的信息和内涵。多维分析方式能够减少混淆及降低错误解释的出现，这是由它迎合了人的思维模式决定的。多维分析的基本动作主要有切片、切块、上卷、下钻及旋转。

1. 切片（Slice）

在多维数组中选定一个二维子集的动作叫作切片，即从多维数组（维1，维2，…，维 n，变量）中选定两个维，即维 i 和维 j，在这两个维上选取某一区间或任意维成员，而将其余的维都取定一个维成员，得到的就是多维数组在维 i 和维 j 上的一个二维子集。这个二维子集就称为多维数组在维 i 和维 j 上的一个切片，表示为（维 i，维 j，变量）。如图 3-9 所示，选定两个维（"贷款"维度和"经济性质"维度），而在"时间"维度上选定一个维成员（如"第1季度"），就得到了"贷款"和"经济性质"两个维上的一个切片。这个切片表示了在第一季度各经济性质和各贷款类别的贷款总额。

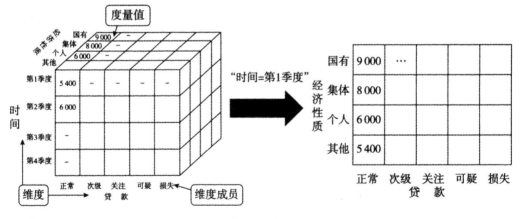

图 3-9 切片

2. 切块（Dice）

切块与切片类似。在多维数组中选定一个三维子集的动作叫作切块，即选定多维数组（维1，维2，…，维 n，变量）中的 3 个维，即维 i、维 j 和维 r。在这 3 个维上选取某一区间或任意维成员，而将其余的维都取定一个维成员，则得到多维数组在维 i、维 j 和维 r 上的一个 3 维子集，这个 3 维子集称为多维数组在维 i、维 j 和维 r 上的一个切块，表示为（维 i，维 j，维 r，变量）。如图 3-10 所示，在"时间"维度和"贷款"维度上各选定两个维成员（如"第1季度"和"第2季度"，"正常"和"次级"），在"经济性质"维度选定 3 个维成员（"集体""个人"和"其他"）就可以得到一个切块了。

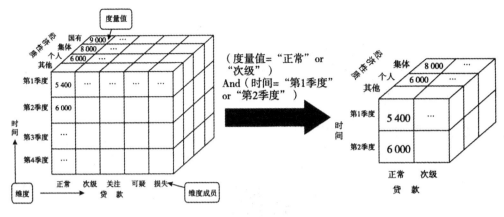

图 3 - 10　切块

3. 上卷（Roll Up）

在数据立方体中执行聚集操作，通过在维级别中上升或通过消除某个或某些维来观察更概括的数据。沿着时间维上卷，由"季节"上升到半年，如图 3 - 11（a）所示，或者消除"经济性质"这一维度，如图 3 - 11（b）所示，就得到更高层次的汇总数据。

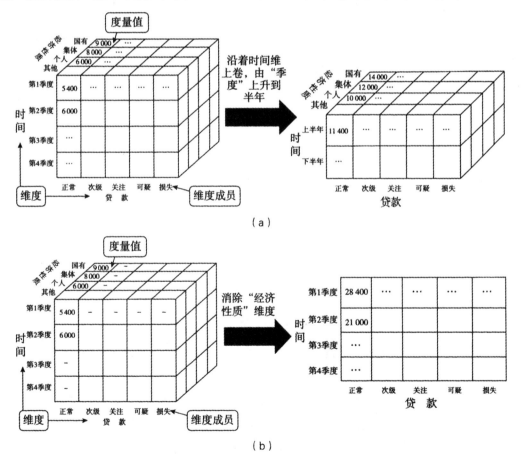

（a）

（b）

图 3 - 11　上卷

4. 下钻（Drill Down）

下钻是通过在维级别中下降或通过引入某个或某些维来更细致地观察数据，与上卷正好相反。如图 3-12 所示，沿着时间维下钻，就得到了每个月的各经济性质、各贷款类型的贷款更具体的信息。

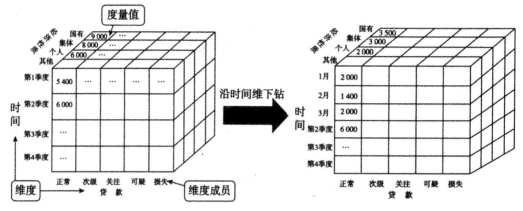

图 3-12 下钻

5. 旋转（Rotate）

旋转即改变一个报告或页面显示的维方向。旋转有以下几种方式：交换行和列；把某一个行维移到列维中去，把页面显示中的一个维和页面外的维进行交换（令其成为新的行或列）。如图 3-13 所示，将"时间"维和"经济性质"维进行了变换。

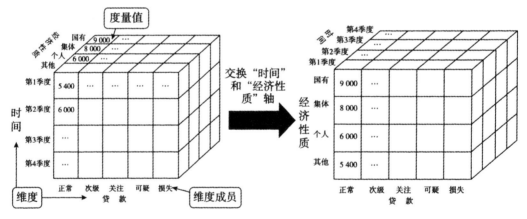

图 3-13 旋转

3.1.5.2 OLAP 特征及衡量标准

OLAP 主要有以下四大特征：

多维概念视图是 OLAP 最显著的特征。在 OLAP 数据模型中，将多维信息抽象为一个立方体，其中包括维和度量。维是人们观察数据的特定角度，是考虑问题时的一类属性，而度量表示的是多维数组的取值。多维结构是 OLAP 的核心，在用户面前 OLAP 展现的是一幅幅的多维视图。

快速响应用户的分析需求是 OLAP 的第二大特征。一般认为在几秒内对用户的分析请求做出响应的 OLAP 系统才是正常的。如果响应时间超过 30 s，用户可能就会不耐烦，导致失去分析主线索，从而影响分析质量。因此需要更多诸如大量的事先运算、专门的数据存储格式以及特别的硬件设计等技术上的支持。

OLAP 的第三个特征是它的分析功能。与应用有关的任何逻辑分析和统计分析它都应该能处理。用户的数据分析不仅能在 OLAP 平台上进行，也可以连接到其他工具，如成本分析工具、时间序列分析工具、数据挖掘和意外报警等外部分析工具上。OLAP 的基本分析操作有切片、切块、下钻、上卷及旋转。

OLAP 的第四个特征是它的信息性。OLAP 系统能够及时地获取并管理大容量信息，无论多大的数据量以及数据存储在什么地方。

E. F. Codd 给出了 12 条基本准则，以便对 OLAP 产品进行评价。

(1) 透明性准则；

(2) OLAP 模型必须提供多维概念视图；

(3) 存取能力准则；

(4) 客户/服务器体系结构；

(5) 稳定的报表性能；

(6) 维的等同性准则；

(7) 多用户支持能力准则；

(8) 动态的稀疏矩阵处理准则；

(9) 非受限制的跨维操作；

(10) 灵活的报表生成；

(11) 直观的数据操纵：

(12) 不受限维与聚集层次。

3.1.5.3　OLAP 服务器类型

根据存储器的数据存储格式，OLAP 系统可以分为关系型 OLAP（Relational OLAP，ROLAP）、多维型 OLAP（Multi-Dimensional OLAP，MOLAP）以及混合型 OLAP（HybridOLAP，HOLAP）3 种。

关系数据库是关系型 OLAP（ROLAP）的核心，ROLAP 将用作分析的多维数据以及根据应用的需要有选择地定义一批实视图作为表存储在其中。只选择那些计算工作量比较大、应用频率比较高的查询作为实视图，而不是把每一个 SQL 查询都作为实视图保存。为提高查询效率，对具有针对性的 OLAP 服务器的查询而言，优先选择利用已经计算好的实视图来生成查询结果。这是一种介于关系后端服务器和用户前端工具之间的中间服务器，同时用作 ROLAP 存储器的 RDBMS 也针对 OLAP 做相应的优化。它比 MOLAP 技术具有更大的可规模性。例如，Mircostrategy 的 DSS 和 Informix 的 Metacube 都采用了 ROLAP 方法。

多维型 OLAP（MOLAP）是在物理上以多维数组的形式将 OLAP 分析所用到的多维数据进行存储，然后会产生"立方体"的结构。用多维数组的下标值或下标的范围映射维的属性值，总结数据以多维数组的值的形式在数组的单元中存储。由于 MOLAP 从物理层起实现，存储结构是新的，因此又称为物理 OLAP（Physical OLAP）。相比较而言，ROLAP 的物理层仍采用关系数据库的存储结构，主要借助于一些中间软件或软件工具实现，因此也称为虚拟 OLAP（Virtual OLAP）。

混合型 OLAP（HOLAP）的提出是由于 MOLAP 和 ROLAP 的结构完全不同，各自的优点和缺点也不同，分析人员在设计 OLAP 结构时比较困难。HOLAP 则结合了 MOLAP 和 ROLAP 两种结构的优点。HOLAP 虽然还没有一个正式的定义，但能满足用户各种复杂的分析请求，HOLAP 结构不是将 MOLAP 与 ROLAP 的结构简单组合，而是将这两种结构技术优点有机地结合起来。例如，微软的 SQL Server 7.0 0LAP 服务就支持混合 OLAP 服务器。

3.1.5.4 OLAP 的实施

OLAP 要对来自基层的操作数据（由数据库或数据仓库提供）进行多维化或预综合处理，因此，它是三层客户/服务器结构的，这与传统 OLTP 软件的两层客户/服务器结构有所不同。

OLAP 的三层客户/服务器逻辑结构示意图如图 3-14 所示。它的主要特点是把应用逻辑（或业务逻辑）、DBMS 及 GUI 严格区分开。复杂的应用逻辑主要集中存放于应用服务器上，而不是分布于网络上众多的 PC 机上，其高效的数据存取由服务器提供，然后安排后台进行处理和报表的预处理。由三层客户/服务器结构示意图可看出，OLAP 的实施有两点非常关键：一是 OLAP 服务器的设计，即如何将来自多个不同数据源或数据仓库的数据进行组织；二是 OLAP 服务器与前端软件的沟通。多维数据分析就是连接 OLAP 服务器与前端软件的桥梁，因此，OLAP 服务器的构建必须以多维方式进行。

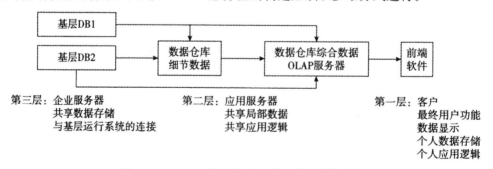

图 3-14　OLAP 的三层客户/服务器逻辑结构图

显然，OLAP 服务器的构建基础是数据仓库或基层数据库，而 OLAP 的对象是面向分析和管理决策人员的。决策人员一般对综合性数据更为关注，使得在数据了解过程中视角能够更高层次以及更具体。因此，数据仓库中综合数据的组织以及前端用户的多维数据分析需求的满足成为 OLAP 服务器的设计重点。

市场中的多种 OLAP 软件工具和工具集都是以多维数据分析为目的，满足决策或多维环境的特殊的查询和报告需求，这是它们的追求。它们基本上是遵从三层结构的。

3.1.5.5 OLAP 产品介绍及选择

按照数据存储格式，有 3 种类型的 OLAP 产品，即 MOLAP、ROLAP 和 HOLAP。

其中，MOLAP 产品主要有 Cognos 的 Powerplay、Hyperion 的 Essbase 和微软的 Analysis Service 等。这类产品从关系数据库（甚至是文本文件、Excel 文件）中抽取数据，并存储在自己的数据库中。与 Oracle、DB2 这类关系数据库不同，这种数据库并没有标准的访问接口，而是基于专有格式。因此，这些产品实现多维存储的原理也不尽相同，但其数据的存放大致是以编程语言中多维数组的方式为主。数组的每个维对应一个维度，数组的单元格中存放度量值。维度与维元素的数量在极大程度上影响多维数据库的单元格数量，因此，数据库随着维度的增加也迅速膨胀，对于 MOLAP 产品来说，多维存储的存储空间与性能就显得极为关键。Essbase 在这方面做了很多优化工作，但有时也会显得过于复杂，Powerplay 则采用了比较简单的优化方法，提供某些选项（如 cube 分区等）。

提供多维存储是 OLAP 产品的核心功能，除此之外，它们也能够将用户通过前端发出的 OLAP 访问操作转换为对数据的请求并予以返回，因此，就需要考虑有哪些前端工具能够与 OLAP 产品对接。

Cognos 的 Powerplay 是一个相对封闭的产品，不能用其他前端来访问，它有自己的客户端和 Web Explorer。而 Hyperion 和微软则与 Powerplay 不同，采用的是开放式接口，第三方可以利用它们提供的丰富的 APl 访问其数据库。事实上，一些第三方的前端工具与 OLAP 产品的对接正是基于微软开发的 MDX 和参与的 XMLA（XML for Analysis）规范实现的，比如利用 BO Webl 连接 Essbase。微软的服务器甚至像用 SQL 来访问关系数据库一样，提供了 MDX 来查询多维数据。

由于 ROLAP 产品的数据是存放在关系数据库中的，因此它对关系模型的要求就显得十分严格，比如为了定义像维度、度量、事实表、聚集表等元数据，就必须遵循星型模式或雪花模式。但这样就使得部署的难度增加了，并且如果聚集表构建得不好，很难保证最后的访问性能。MicroStrategy 就是 ROLAP 产品。

目前，也有很多混合型 OLAP 产品，这是因为将一些 ROLAP 的特性增加到现有数据库上，对那些本身就做关系数据库的厂商来说，并不是一件难事。在与 Essbase 终止 OEM 合同之后，IBM 推出一个名为 CubeViews 的产品，可以说这就是一个 ROLAP 产品。

OLAP 服务器和工具可以根据 5 个方面来进行评价：特征和功能、访问性能、OLAP 服务引擎、管理以及全局结构。用户可以根据这 5 个方面分析市场上的 OLAP 产品，也可以把它们作为应用系统中的 OLAP 需求分析指标。

3.2 Hive 数据仓库工具

Hive 是由 Facebook 开发的建立在 Hadoop 上的数据仓库基础构架，是用来管理结构化数据的中间件。它架构在 Hadoop 之上，以 MapReduce 为执行环境，数据存储在 HDFS 上，元数据存储于 RDMBS 中。它提供了一系列用于存储、查询和分析大规模数据的工具。Hive 适用于长时间的批处理查询分析。

Hive 以 SQL 作为数据仓库的工具，具有很好的可扩展性、互操作性和容错性。可扩展性表现在可以自由扩展集群的规模，一般情况下不需要重启服务，而且支持用户自定义函数。用户可以根据自己的需求来实现自己的函数；互操作性表现在它是一个可以支持不同的文件和数据格式可扩展的框架；良好的容错性表现在当节点出现问题时，SQL 仍可完成执行的操作。

Hive 的本质其实是一个 SQL 解析引擎，它将 SQL 语句转译成 MapReduce 的工作，然后在 Hadoop 执行，来达到快速开发的目的。

3.2.1 Hive 的体系结构

Hive 主要分为 4 个部分，如图 3-15 所示。

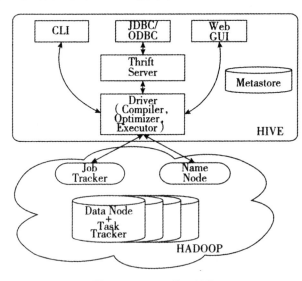

图 3-15 Hive 体系结构

1. 用户接口

用户接口由 3 部分组成：Hive 命令行接口 CLI、Client 和 WebUI，其中最常用的是 CLI。

（1）命令行接口（CLI）。CLI启动的时候会同时启动一个Hive副本，CIL主要包括如下内容：

①DDL（数据描述语言）。

生成表（Creat Table），放弃表（Drop Table），表改名（Rename Table）；

变更表（Alter Table），增加列（Ddd Column）；

增加分区（Add Partitions）。

②Browsing（浏览）。

查看所有表（Show Tables）；

查看表结构（Describe Table）；

查询（Queries）；

装载数据（Loading Data）。

（2）Client。

Hive的客户端是Client，通过Client可以连接到Hive Server（服务端）。用户能够在启动Client模式的时候，找出Server所在的节点，同时还需要在该节点启动Server应用。用户可以通过JDBC/ODBC等驱动器来访问Hive，其中包括以下几项：

①Hive JDBC Driver（Java）；

②Hive Add－in for Excel（by Microsoft）；

③Hive ODBC Driver（C++）；

④Thrift（C/C++、Python、Perl、PHP等）。

（3）Web UI。

Web UI是指通过浏览器来访问Hive，主要包括以下两个方面：

①MetaStore UI。它能导航和浏览系统中所有的表，并且可以给所有表和所有列做注释，也能抓取数据间的依赖关系。

②HiPal。它允许用户通过鼠标点击的方式交互地构建SQL查询，并支持投影、过滤、分组和合并功能。

2. 元数据存储（Meta Store）

（1）存储表/分区的属性。

Hive将元数据存储在RDBMS吕，如MySQL、Derby等，或者文本文件中。Hive中的元数据包括表、序列化和反序列化SerDe库，表的属性（是否为外部表等），表的名称，表的列和分区及其属性，表的数据所在HDFS的目录等信息。

（2）Thrift API。

当前客户机的PHP（Web接口）、Java（查询引擎和CLI）、Python（旧的CLI）、Perl（Tests）等Thrift API。

（3）完成HiveQL查询的解释器、编译器、优化器、执行器、解释器（Parser）、编译器（Compiler）、优化器（Optimizer）是用于完成Hive QL查询语句，包括语法分析、词法分析、编译、优化和查询计划的生产。生产的查询计划主要存储于 HDFS 中，接着就会由 MapReduce 调用执行器（Executor）来执行。

（4）Hadoop。

Hive 的所有数据都存储于 HDFS 中，大多数的查询由 MapReduce 来完成计算（该查询包括 * 的查询，比如 select * from tbl 就不会生成 MapReduce 任务）。

3.2.1.2 Hive 的数据存储

Hive 的数据存储在 HDFS 中，它没有指定的数据存储格式，也不需要像传统的 SQL 一样为数据建立索引，用户能极其自由地组织 Hive 中的表，仅仅需要在创建表的时候明确 Hive 数据中的行与列分隔符，Hive 即可以解析数据。

Hive 中包含以下 4 个数据模型：表（Table）、外部表（External Table）、分区（Partition）和存储桶（Bucket）。

1. 表（Table）

在概念理论上，Hive 中的 Table 与数据库中的 Table 是相似的，所有的 Table 在 Hive 中都有着相对应的一个 HDFS 中的目录存储数据。比如，一个表 tbs，在 HDFS 中它的路径是/wh/tbs，其中，wh 是由 ${hive.metastore.warehouse.dir} 指定的数据仓库的目录，除了 External Table 外，其他全部的 Table 数据都保存在该目录中。

Table 包括创建过程以及数据加载过程（这两个过程都可以在同一个语句中完成）。在数据加载的过程中，实际数据会被移动至数据仓库目录中，而后面对数据的访问就会在数据仓库目录中直接完成。因此，在删除表时，表中所有的数据（包括元数据）都将同时会被删掉。

2. 分区（Partition）

Partition 与数据库中的 Partition 列的密集索引相对应，然而在 Hive 中 Partition 的组织方式与在数据库中的有所不同。在 Hive 中，表中的一个 Partition 与表下的一个目录相对应，每个 Partition 的数据都有一个对应的目录。比如，tbs 表中含有两个 Partition：ds 与 city，那么对应于 ds＝20140801，city＝US 的 HDFS 子目录为/wh/tbs/ds＝20140801/city ＝US；而对应于 ds＝20140801，city＝CA 的 HDFS 子目录为/wh/tbs/ds＝20140801/city ＝CA。

3. 存储桶（Buckets）

Buckets 用于计算指定列的 hash 值，然后按照 hash 值进行数据切分，达到并行的目的。每一个 Bucket 对应一个文件。比如，要将某个列分散为 32 个 Bucket，首先对该列的值进行 hash 值计算，其中对应 hash 值是 0 的 HDFS 目录为/wh/tbs/ds＝20140801/city＝US/part－00000；hash 值是 20 的 HDFS 目录为/wh/tbs/ds＝20140801/city＝US/part－00020。

4. 外部表（External Table）

External Table 指向的是已经存在的 HDFS 中数据，而且可以创建分区和表。它和

Table 在元数据的组织上是一样的，但在实际数据的存储上却有不少的差异。

与 Table 相对比，External Table 仅有一个过程，加载数据和创建表是同时进行和完成的（CREATE EXTERNAL TABLE …… LOCATION），而且实际数据存储在 LOCATION 后面指定的 HDFS 路径中，并不会移动至数据仓库目录中。当一个 External Table 被删除时，仅仅删除元数据，表中的数据不会真正被删除。

3. 2. 1. 3 Hive QL

Hive 定义了简单的类 SQL 查询语言，称为 Hive QL，也缩写为 HQL。由于 SQL 在数据仓库中应用的很广泛，因此，开发者专门针对 Hive 的特性设计了类 SQL 的查询语言 HQL。这样方便了熟悉 SQL 开发和 MapReduce 的开发者使用 Hive 进行开发、自定义来处理复杂的分析工作，而且还可以利用 HQL 进行用户查询。

下面简单介绍 Hive QL 的一般查询语句的基本格式。

SELECT [ALL I DISTINCT] select _ expr, select _ expr, … *
FROM table reference
[WHERE where condition]
[GROUP BY col _ list]
[
CLUSTER BY col _ list | [DISTRIBUTE BY col _ list]
    [SORT BY col _ list]
]
[LIMIT number]

其中，SELECT 语句可以是 union 查询或子查询的一部分。选用 ALL 或者 DISTINCT 选项区分的目的是对重复记录进行处理，默认情况是 ALL，代表查询所有记录；DISTINCT 表示去掉重复的记录。table _ reference 是查询的输入，输入方式可以是一个普通 table、一个视图、一个 join 或子查询。where condition 是指一个布尔表达式，但是 Hive 不支持在 WHERE 子句中的 IN、EXIST 或子查询。Limit 用于限制查询的记录数。查询结果是随机选择的。

注：Hive 的官方文档对查询语言有很详细的描述，具体请参考 http：// wiki. apache. org/hadoop/Hive/LanguageManual。

Hive QL 常用的查询操作主要包括 ANSI JOIN（只有 equi－join）、多个表 Insert、多个表的 Group by 和 Sampling 等。其中，Join 和 Group by 操作的说明如下。

1. Join 操作

Join 操作示意图如图 3－16 所示。

例如，通过图 3－16 中一个简单的语句表示一个 3 列的表 Page _ view（访问网页 id、用户 ID 和访问时间）和 3 列的表 User（用户 ID、年龄和性别），通过相同的用户 ID 执行 Join 的操作，形成一个新的表 pv _ users，该表展示了访问页面的用户年龄结构。

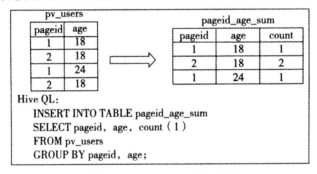

图 3-16 Join 操作示意图

在使用 Join 操作的查询语句时要注意：应将条目少的表或者子查询放在 Join 操作符的左边。由于在 Join 操作的 Reduce 阶段，Join 操作符左边表里面的内容会被加载进内存，因此，将条目或者子查询少的表放在左边，这样可以有效减少发生 OOM 错误的概率。

2. Group by 操作

Group by 操作过程如图 3-17 所示。

图 3-17 Group by 操作过程

3.3 Hive 的优化和升级

Facebook 在 2007 年提出 Apache Hive 和 Hive QL 后，它们就成为事实上的 Hadoop 上的 SQL 接口。如今，各种类型的公司都在使用 Hive 来访问 Hadoop 数据，希望给公司或者用户带来更多的价值。此外，还有许多的公司利用大量的 BI 工具来达到同样的目的，这些 BI 工具也是使用 Hive 作为接口。因此，Hive 主要用于建立大规模的批计算，这在数据报告、数据挖掘以及数据准备等应用场合十分有效。但是随着 Hadoop 的需求越来越大，企业用户也越来越需要 Hadoop 具备更高的实时性和交互性。

目前 Hive 还存在很多不足，特别是在查询速度方面有着"先天性不足"。在查询过程中，面对一个完整的数据集可能要花费几分钟到几个小时，这是完全不切实际的。对于主流用户而言，也很难有大的吸引力。

Hive 的优化和升级是很多 IT 企业的一项重要工作，其中主要的项目包括 Stinger 和 Presto 等。

3.3.1　Stinger

Stinger 是 Hortonworks 开源的一个类 SQL 的即时查询系统，是对 Hive 进行优化的项目。Hortonworks 声称较 Hive 可以提升 100 倍的速度。它的主要改进如下：

1. 库优化：智能优化器

（1）生成简化的有向无环图。

（2）引入 in-memory-hash-join，适用于有一方适合在内存中的 Join。这是一个全新的 in-memory-hash-join 算法，借此算法 Hive 可以把小表读到哈希表中，可以遍历大文件来产生输出。

（3）引入 sort-merge-bucket-join，适用于表在同样的关键词上被分为 bucket 的情形，在速度改进方面是巨大的。

（4）减少在内存中的事实表的足迹。

（5）让优化器自动挑选 map joins。

2. 多维度的结构化数据

在 Hive 中采用企业级数据仓库（EDW）中很普通的维度模式，产生大的数据表和小的维度表。维度表经常小到能适合 RAM，有时被称为 Star Schema。

3. 优化的列存储（ORCFile）

优化的列存储包括如下内容：

（1）生成一个更好的列存储文件，与 Hive 数据模型紧密一致。

（2）把复杂的行类型分解为原始类型，便于更好地压缩和投影。

（3）对于必需的列，从 HDFS 中只读 bytes。

（4）既储存文件也储存文件的每个节。

（5）增加了聚合函数，如 min、max、sum、average 和 count 等。

（6）允许通过排序列快速访问，能够快速校验一个值是否存在。

4. 深度分析能力

支持 SQL：2003 Window Functions。

其 OVER 子句支持 Multiple PARTITION BY 和 ORDER BY；支持 Windowing（ROWS PRECEDING/FOLLOWING）；支持大量的聚合，如 RANK、FIRST_VALUE、LAST_VALUE、LEAD/LAG、Distrubutions 等。

5. 与 Hive 数据类型的一致性

数据类型的优化包括如下内容：

（1）增加了固点 NUMERIC 和 DECIMAL 类型。

（2）增加了有限域大小的 VARCHAR 和 CHAR 类型。

（3）增加了 DATETIME。

（4）对 FLOAT 增加大小，从 1～53。

（5）增加了考虑兼容性的同义字，对应 BINARY 的 BLOB，对应 STRING 的 TEXT，对应 FLOAT 的 REAL。

（6）增加了 SQL 语义，如更多地用 IN、NOT IN、HAVING 的子查询，EXISTS 和 NOTEXISTS 等。

6. 架构的优化

Stinger 架构与 Hive 不同的是，Stinger 采用 Tez。所以，Hive 是 SQL on MapReduce，而 Stinger 是 Hive on Tez。Tez 的一个重要作用是优化 Hive 和 PIG 这种典型的 DAG 应用场景，它通过减少数据读写 I/O 操作，优化了 DAG 流程，使得 Hive 的速度提高了很多倍。其架构如图 3-18 所示。Stinger 是在 Hive 的现有基础上加了一个优化层 Tez（此框架基于 Yarn），所有的查询和统计都要经过它的优化层来处理，以减少不必要的工作以及资源开销。虽然 Stinger 也对 Hive 进行了较多的优化与加强，但是 Stinger 的总体性能还是依赖于其子系统 Tez 的表现。而 Tez 是 Hortonworks 开源的一个 DAG 计算框架，Tez 可以理解为 Google Pregel 的开源实现，该框架可以像 MapReduce 一样，用来设计 DAG 应用程序，但需要注意的是，Tez 只能运行在 YARN 上。

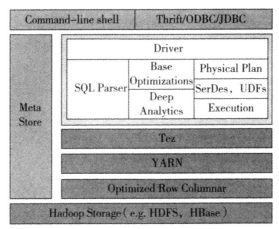

图 3-18　Stinger 架构

3.3.2　Presto

2013 年 11 月 Facebook 开源了一个分布式 SQL 查询引擎 Presto，它专门用来进行快速、实时的数据分析。Presto 支持标准的 ANSI SQL 子集，包括复杂查询、聚合、连接和窗口函数。其简化架构如图 3-19 所示，客户端将 SQL 查询发送到 Presto 的协调器，协调器会对 SQL 查询进行语法检查、分析和规划查询计划。调度器将执行的管道组合在一起，将任务分配给那些离数据最近的节点，然后监控执行过程。客户端从输出段中将数据取出，这些数据来源于更底层的处理段中。因此，使用 Presto 进行简单查询仅仅需要几百毫秒，即使是复杂的查询，也只需要几分钟就可以完成。

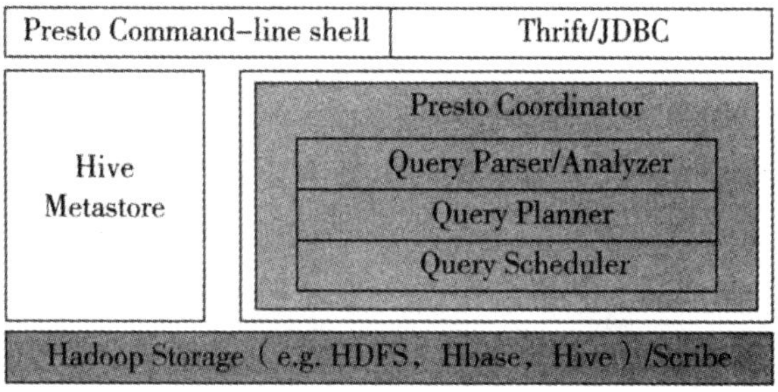

图 3-19　Presto 的简化架构

　　Presto 的运行模型与 Hive 有着本质的区别。Hive 是将查询转换成多阶段的 Map-Reduce 任务，依次运行。每一个任务在磁盘上读取输入数据并且将中间结果输出到磁盘上。然而 Presto 引擎没有使用 MapReduce，而使用了一个定制的查询执行引擎和响应操作符来支持 SQL 语法。除了改进的调度算法之外，所有的数据处理都是在内存中进行的。不同的处理端通过网络组成处理的流水线。这样可避免不必要的磁盘读写和额外的延迟。这种流水线式的执行模型会在同一时间运行多个数据处理段，一旦数据可用的时候就会将数据从一个处理段传入到下一个处理段。这种方式会大大减少各种查询的端到端的响应时间。此外，Presto 设计了一个简单的数据存储抽象层，来满足在不同数据存储系统上都可以用 SQL 进行查询的需要。存储连接器目前除支持 Hive/HDFS 外，还支持 HBase、Scribe 和定制开发的系统。

　　但是在功能上，Presto 与 Hive 有点差别，也可以说是 Presto 功能较不完善，毕竟 Presto 推出时间不长，这些差别可以概括为：

　　（1）Presto 完全没有数据写入功能，不能使用 CREATE 语句创建表，（可通过 CREATETABLE tablename AS query）建立视图、导入数据。

　　（2）Presto 不支持 UDF（用户自定义函数）。

　　（3）Presto 支持窗口函数，但数量与 Hive 比相对较少。

思考与练习

1. 数据仓库的定义和特点分别是什么？
2. 数据仓库设计的主要步骤有哪些？
3. 数据仓库存储的数据模型有哪些？说出它们的不同点。

▶ 第 4 章

数据挖掘与分析技术

〜〜〜〜〜〜〜〜〜〜〜〜〜〜〜〜〜〜〜〜〜〜〜〜〜〜〜〜〜〜〜〜〜〜〜〜

数据采集和数据存储技术的不断进步使组织积累了海量的数据，而且这些数据量还在不断地快速增长。快速增长的海量数据存储在数据库、数据仓库中，从中提取有用信息成为巨大的挑战。早在 1982 年，趋势大师约翰·奈斯比（John Naisbitt）就在他的首部著作《大趋势》（*Megatrends*）中提到"人类正被信息淹没，却饥渴于知识。"由于数据量太大，并且数据本身具有新的特点，传统的数据分析工具和技术已无法完全满足海量信息处理的需求。此时，数据挖掘技术则将传统的统计分析方法与处理大量数据的复杂算法结合起来，为探查和分析新的数据类型以及用新方法分析海量数据提供了契机。

4.1 数据挖掘技术概述

数据挖掘（Data Mining，DM）简单来说就是在大量的数据中提取或挖掘信息，通过仔细分析来揭示数据之间有意义的联系、趋势和模式。数据挖掘技术出现于 20 世纪 80 年代后期，是数据库研究中的一个新领域，具有很高的研究与应用价值。数据挖掘属于交叉性学科，它融合了统计学、数据库技术、机器学习、人工智能、模式识别和数据可视化等多个领域的理论与技术，如图 4-1 所示。

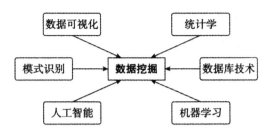

图 4-1　数据挖掘受多学科影响

数据挖掘主要是为了发现隐藏在数据中的有用信息和规律，数据库中知识发现（Knowledge Discovery in Database，KDD）是将未加工的数据转换成有用信息的整个过程，因而从模式处理的角度，许多人对这二者并没有做严格的区分，但本书认为数据挖掘只是 KDD 中的一个核心步骤，如图 4-2 所示。

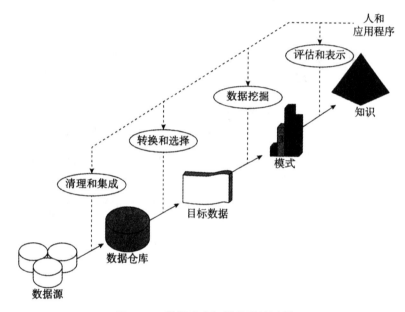

图 4-2　数据库中知识发现的过程

（1）数据清理：消除噪声或不一致的数据。

（2）数据集成：将多种数据源集合到一起。

（3）数据转换和选择：提取相关数据，并将其转换成适合挖掘的形式。

（4）数据挖掘：KDD 的关键步骤，运用相关的数据挖掘技术得到数据模式。

（5）模式评估：根据兴趣度度量，识别表示知识的有用模式。

（6）知识表示：运用知识表示、可视化等相关技术，向用户展示挖掘到的知识。

一般地，数据挖掘任务可以分为两大类：

描述任务：刻画数据的特征，概括数据中潜在联系的模式（包括相关、趋势、聚类和异常等）。

预测任务：根据当前数据进行推理、预测，根据其他属性的值，预测特定属性的值。

本质上，描述性挖掘任务通常是探查性的，并且常常需要后处理技术来验证和解释结果。图 4-3 展示了本章介绍的 4 种主要数据挖掘任务，包括关联分析、分类与回归、聚类分析和离群点检测。

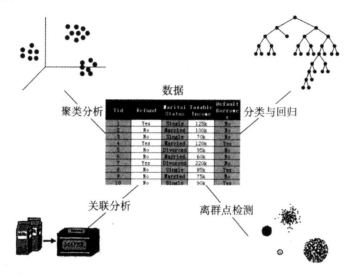

图 4-3　四种主要数据挖掘类型

数据挖掘产生于应用，面向于应用。数据挖掘的跨行业数据挖掘标准过程（Cross Industry Standard Process for Data Mining，CRISP-DM）是当今数据挖掘界通用的标准之一，它强调数据挖掘在商业中的应用，解决商业中的问题。CRISP-DM 参考模型包括商业理解、数据理解、数据准备、建立模型、模型评估和模型部署 6 个阶段，如图 4-4 所示。

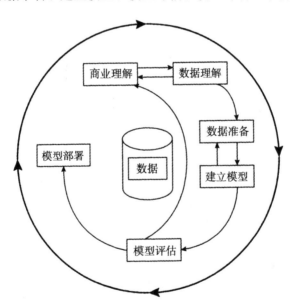

图 4-4　CRISP-DM 参考模型

（1）商业理解：从商业角度理解项目的目标和要求，把这些理解转换成数据挖掘问题的定义和实现目标的最初规划。

（2）数据理解：从收集数据开始，然后熟悉数据、甄别数据质量问题、发现对数据的真知灼见或探索出令人感兴趣的数据子集，并形成对隐藏信息的假设。

（3）数据准备：为建模工具准备适合挖掘的数据类型的过程，涵盖从原始数据到最终数据集的全部活动，主要包括数据的转换和清洗。

（4）建立模型：运用适当的建模技术，建立科学合理的模型，并优化模型中的参数。

（5）模型评估：对所建模型进行较为全面的评价，重审建立模型的步骤，并确认模型能否达到商业目的，从而不断地调整并优化模型，并确定使用数据挖掘结果得到的决策是什么。

（6）模型部署：生成报告或者实施一个覆盖企业的可复用的数据挖掘过程。

4.2　数据关联分析

关联分析就是从有噪声的、模糊的、随机的海量数据中，挖掘出隐藏的、人们事先不知道但是有潜在关联的信息或知识的过程，所发现的信息或知识通常用关联规则或频繁项集的形式表示。随着收集和存储在数据库中的数据规模的增大，人们对从这些数据中挖掘出的关联知识也越来越有兴趣。例如，从大量的商业交易记录中发现有价值的关联知识就可帮助企业进行交叉营销、客户关系管理或辅助相关的商业决策。表图 4-1 给出了一个通常称作购物篮事务的例子，表中每行对应一个事务，包含一个唯一标识 TID 和给定顾客购买的商品的集合。零售商对分析这些数据很感兴趣，这便于他们了解顾客的购买行为，进而采取对应的促销活动。

表图 4-1　购物篮事务的例子

TID	项集
1	｛面包，牛奶｝
2	｛面包，尿布，啤酒，鸡蛋｝
3	｛牛奶，尿布，啤酒，可乐｝
4	｛面包，牛奶，尿布，啤酒｝
5	｛面包，牛奶，尿布，可乐｝

从表图 4-1 所示的数据中可以提取出如下规则：

$$｛尿布｝\rightarrow｛啤酒｝$$

该规则表明在尿布和啤酒的销售之间存在着很强的联系，因为许多购买尿布的顾客同时也购买了啤酒。零售商可以利用这类规则，帮助他们发现新的交叉销售商机。除了购物篮分析外，关联分析也可以应用于其他领域，如生物信息学、医疗诊断、网页挖掘和科学分析等。

在对数据进行关联分析时，需要注意两个关键的问题：①从大型事务数据集中发现模式在计算上可能要付出很高的代价；②所发现的模式有可能是虚假的，因为发现的模式可能是偶然发生的。本节主要围绕这两个问题组织、介绍关联分析的基本概念和算法等。

4.2.1 基本概念

设 $I=\{i_1, i_2, \cdots, i_m\}$ 是项的集合，其中 i_K $\{K=1, 2, \cdots, m\}$ 表示项，如果 $X \subset I$，集合 X 称为项集，如果一个项集包含 k 个项，则称它为 k-项集。事务二元组 $T=$ (TID, X)，TID 是事务唯一的标识符，称为事务号，数据集 $D=(t_1, t_2, \cdots, t_n)$ 是由 $t_1, t_2, \cdots, t_n$ 事务组成的集合。

如果项集 X 是事务 t_j 的子集，则称事务 t_j 包含项集 X。项集的一个重要性质是它的支持度计数，即包含特定项集的事务个数，项集 X 的支持度计数 $\delta(X)$ 可以表示为

$$\delta(X) = |\{t_i \mid X \leqslant t_i, t_i \in T\}| \tag{4-1}$$

其中，符号 $|\cdot|$ 表示集合中元素的个数。

关联规则可以描述为 $A \Rightarrow B$ 的蕴含式，其中，$A \subset I$，$B \subset I$，并且 $A \cap B \neq \varnothing$。关联规则的强度可以用它的支持度（support，s）和置信度（confidence，c）度量，支持度表示 D 中事务包含 $A \cup B$ 的百分比，它是概率 $p(A \cup B)$，而置信度表示包含 A 的事务也包含 B 的百分比，它是条件概率 $p(B \mid A)$。支持度和置信度这两种度量的形式定义如下：

$$s(A \Rightarrow B) = p(A \cup B) = \frac{\delta(A \cup B)}{\delta(D)} \tag{4-2}$$

$$c(A \Rightarrow B) = p(B \mid A) = \frac{\delta(A \cup B)}{\delta(A)} \tag{4-3}$$

关联分析是在事务 D 中找出大于用户所给定的最小支持度（minsup）和最小置信度（minconf）的关联规则。关联规则的挖掘问题通常可以分解为以下两个子问题：

（1）产生频繁项集：发现满足最小支持度阈值的所有项集，这些项集被称为频繁项集。

（2）规则的产生：从上一步发现的频繁项集中提取所有满足要求的置信度的规则，这些规则称为强规则。

通常，产生频繁项集所需要的计算开销远大于产生规则所需要的计算开销。

4.2.2 经典频集算法

Apriori 算法是一种最有影响的挖掘布尔关联规则频繁项集的算法，算法有两个关键

步骤：一是发现所有的频繁项集；二是生成强关联规则。

Apriori 算法的核心思想如下：

对于给定的一个数据库，首先对其进行扫描，找出所有的频繁 1-项集，该集合记作 L_1，然后利用 L_1 找频繁图 4-项集的集合 L_2，L_2 找 L_3，如此下去，直到不能再找到任何频繁 k-项集。最后在所有的频繁集中提取出强规则，即产生用户所感兴趣的关联规则。

Apriori 算法扫描数据库的次数等于最大频繁集的项数。Apriori 算法有两个致命的性能瓶颈：产生的候选集过大，而且算法必须耗费大量的时间处理候选项集；多次扫描数据库，需要很大的 I/O 负载，时间和空间复杂度高。

为了提高算法的效率，Apriori 算法运用了"频繁项集的子集是频繁项集，非频繁项集的超集是非频繁项集"这一性质有效地对频繁项集进行修剪。如果 C_k 中某个候选项集有一个 $(k-1)$-子集不属于 L_{k-1}，则这个项集可以被修剪掉，这个修剪过程可以降低计算所有候选集的支持度的代价。[①]

虽然 Apriori 算法已进行了一定的优化，但在实际应用中仍然存在不足，于是人们相继提出了基于栈变换、基于划分以及基于采样、基于 Hash 的算法等来提高频集算法的效率。

4.2.3　FP Growth

针对 Apriori 算法的固有缺陷，FP Growth 使用 FP 树的紧凑数据结构来组织数据，直接从该结构中提取频繁项集。

FP Growth 的基本思想如下：

采取分而治之的策略，在保留项集关联信息的前提下，将数据库的频集压缩到一棵频繁模式树中；再将这种压缩后的 FP 树分成一些条件数据库并分别挖掘每个条件库。在算法中有两个关键步骤：一是生成频繁模式树 FP-Tree；二是在频繁模式树 FP-Tree 上发掘频繁项集。

算法描述如下：

（1）对于每个频繁项，构造它的条件投影数据库和投影 FP-Tree。

（2）对每个新构建的 FP-Tree 重复这个过程，直到构造的新 FP-Tree 为空，或者只包含一条路径。

（3）当构造的 FP-Tree 为空时，其前缀即为频繁模式；当只包含一条路径时，通过枚举所有可能组合并与此树的前缀连接即可得到频繁模式。

---

① http://www.40a.com/article/html/6/32/475/2005/16702.html

4.2.4　多层关联规则

对于许多应用，由于多维数据空间数据的稀疏性，在低层或原始层的数据项之间很难找出强关联规则。现实生活中许多概念都存在层次性，在进行数据挖掘时，可以引入相关概念层次，从而在较高的层次上进行挖掘。对不同的用户来说，信息的价值是不同的，所以，虽然在较高层次上挖掘得到的规则可能是更为普通的信息，但对于一些用户也许是非常有价值的信息。因此，数据挖掘应该具备在多个层次上进行挖掘的能力。多层关联规则可分为同层关联规则和层间关联规则。

同层关联规则可采用以下两种支持度策略：

（1）统一的最小支持度。对于不同的层次，使用相同最小支持度。此策略对于用户来说比较容易操作，而且算法也比较容易实现，但是存在一定的弊端。

（2）递减的最小支持度。每个层次使用不同的最小支持度，较低层次使用的最小支持度相对较小，还可以利用在上层挖掘得到的信息进行一些相关的过滤工作。

层间关联规则应该根据较低层次的最小支持度来确定挖掘时使用的最小支持度。

4.2.5　多维关联规则

多维关联规则指涉及两个或两个以上层次的关联规则。根据同一个维在关联规则中是否重复出现，可以把多维关联规则分为两种类型：一种是维间关联规则，该规则只涉及相同的维，即维不重复出现；另一种是混合维关联规则，该规则涉及多个维，即维可以重复出现。比如"年龄20至30，喜欢郊游喜欢游泳"就是混合维关联规则。这两种关联规则的挖掘还要考虑不同的字段种类，即类别型字段与数值型字段[①]。一般的数据挖掘算法都可以对类别型字段进行关联规则挖掘，而对数值型字段，就需要将其进行一定的处理才可以进行关联规则的挖掘。

处理数值型字段的方法有以下几种：

（1）数值型字段被分成一些由用户预定义的层次结构，然后对其进行关联规则挖掘，得出的规则叫作静态数量关联规则。

（2）根据数据的分布，数值型字段被动态地分成一些布尔字段。每个字段表示一个数值字段的区间，落在其中为1，反之为0。经挖掘得出的规则叫作布尔数量关联规则。

（3）考虑数据之间的距离因素，数值型字段被分成一些能体现其含义的区间。经挖掘得出的规则叫作基于距离的关联规则。

（4）直接分析数值型字段中的原始数据。运用相关的统计方法对其进行分析，同时结合多层关联规则的概念，在多个层次之间进行比较，得出的规则叫作多层数量关联规则。

---

① http://www.40a.com/article/html/6/32/475/2005/16702.html

4.3　数据分类与回归

数据库中隐藏着许多可以为商业、科研等活动的决策提供参考的知识。目前机器学习、模式识别、统计学和神经网络学等领域的研究人员提出了许多预测方法。其中分类和回归就是两种不同的预测方法，分类主要用于预测离散的目标变量，输出的是离散值；而回归用于预测连续的目标变量，输出的是有序值或连续值。本节主要介绍分类与回归的概念，以及进行分类、回归时主要使用的技术和方法。

4.3.1　基本概念

分类任务就是确定对象属于哪个预定义的目标类。分类问题是一个普遍存在的问题，有许多不同的应用。例如，根据电子邮件的标题和内容检查出垃圾邮件，根据核磁共振扫描的结果区分肿瘤是恶性的还是良性的等。数据分类过程包括两个步骤，如图 4-5 所示。

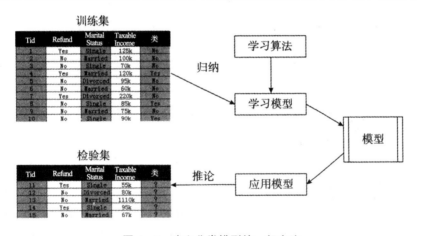

图 4-5　建立分类模型的一般方法

第一步，建立一个已知数据集类别或概念的模型。通过分析属性所描述的数据库元组来构造模型。每一数据行都可认为是属于一个确定的数据类别，其类别值是由一个属性描述（被称为类标号属性）。为建立模型而被分析的数据集称为训练数据集，其中的单个元组称为训练样本，由样本群随机地选取。

分类学习又可称为监督学习，它是在已知训练样本类别情况下，通过训练建立相应模型；而无监督学习（聚类）则是在训练样本的类别与类别个数均未知的情况下进行的，那里每个训练样本的类标号都是未知的，要学习的类集合或数量也可能事先不知道。通常，分类学习模型以分类规则、判定树或数学公式的形式提供。

第二步，使用模型进行分类。先评估模型的预测准确率，当该准确率可以接受时，可以用其对类标号未知的数据元组或对象进行分类。

分类模型的性能根据模型正确和错误预测的检验记录计数进行评估，这些计数存放在称作混淆矩阵的表格中。表图 4-2 描述了一个二元分类问题的混淆矩阵。表中每个表项 f_{ij} 表示实际类标号为 i 被预测为 j 的记录数。

表图 4-2　二类问题的混淆矩阵

		预测的类	
		类＝1	类＝0
实际的类	类＝1	f_{11}	f_{10}
	类＝0	f_{01}	f_{00}

按照混淆矩阵中的表项，被分类正确预测的样本总数是（$f_{11}+f_{00}$），而被错误预测的样本总数是（$f_{10}+f_{01}$）。另外，使用准确率或其他性能度量来衡量分类模型的性能，定义如下：

$$准确率 = \frac{正确预测数}{预测总数} = \frac{f_{11}+f_{00}}{f_{11}+f_{10}+f_{01}+f_{00}} \tag{4-4}$$

$$错误率 = \frac{错误预测数}{预测总数} = \frac{f_{10}+f_{01}}{f_{11}+f_{10}+f_{01}+f_{00}} \tag{4-5}$$

大多数分类算法都在寻找这样一些模型，当把它们应用于检验集时具有最高的准确率。

4.3.2　决策树

决策树是一个预测模型，它是一种由结点和有向边组成的树结构。其中，树的最顶层结点是根结点，每个内部结点表示属性的某个对象，每个分枝代表一个属性值输出，每个叶结点代表类或类分布。从根结点到叶结点的一条路径就表示一条合取规则，而整个决策树表示一组析取表达式规则。一棵典型的决策树如图 4-6 所示，该决策树描述了一个购买计算机的分类模型，其中一般内部结点用矩形表示，而树叶用椭圆表示。

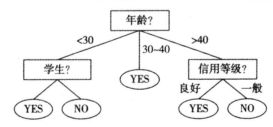

图 4-6　决策树示意描述

著名的 ID3 算法是 Quinlan 在 1986 年提出来的，在此算法的基础上，1993 年他又提出了 C4.5 算法，形成新的监督学习算法的性能比较标准。ID3 算法和 C4.5 都是采用非回溯的方法。然而这两种方法已经越来越难以适应较大规模数据集的处理需求，因此在此基础上他又提出了一些新的改进算法，其中 SLIQ（Supervised Learning In Quest）和 SPRIDT（Scalable Parallelizable Induction of Decision Trees）是两种比较有代表性的算法。

1. ID3 算法

ID3 算法的理论基础是信息论，它的核心思想是：用信息增益（Information Gain）作为属性选择的衡量标准，在决策树各级结点上选择属性，使得在每一个非叶结点进行测试时，能获得关于被测试记录最大的类别信息。其具体操作方法：检测所有的属性，选择信息增益最大的属性产生决策树结点，由该属性的不同取值建立分支，再对各分支的子集递归调用该方法建立决策树结点的分支，直到所有子集仅包含同一类别的数据为止。最后得到一棵决策树，可以使用它对未知的类别、新的样本进行分类。

信息增益的计算方法：按照上述方法计算每个属性的信息增益，并比较它们的大小，这样就能很容易地获得具有最大信息增益的属性。

设 S 是 s 个样本的集合，假定类标号属性具有 m 个不同值，定义 m 个不同类 C_i（$i = 1, 2, \cdots, m$）。设 s_i 是 C_i 中的样本数，对一个给定的样本分类所需的期望信息由下式给出：

$$I(s_1, s_2, \cdots, s_m) = -\sum_{i=1}^{m} p_i \log_2(p_i) \qquad (4-6)$$

其中，p_i 表示任意样本属于 C_i 的概率，并用 s_i/s 估计。注意，对数函数以 2 为底，因为信息用二进位编码。

设属性 A 具有 v 个不同值 $\{a_1, \cdots, a_v\}$。可以用属性 A 将 S 划分为 v 个子集 $\{S_1, \cdots, S_v\}$；其中，S_j 包含 S 中这样一些样本，它们在 A 上具有值 a_j。如果 A 选作测试属性（即最好的划分属性），则这些子集对应于由包含集合 S 的结点生长出来的分枝。设 S_{ij} 是子集 S_j 中类 C_i 的样本数。根据 A 划分子集的熵或期望信息由下式给出：

$$E(A) = \sum_{j=1}^{v} \frac{s_{1j} + \cdots + s_{mj}}{s} I(s_{1j}, \cdots, s_{mj}) \qquad (4-7)$$

项 $\dfrac{s_{1j} + \cdots + s_{mj}}{s}$ 充当第 j 个子集的权，并且等于子集（即 A 值为 a_j）中的样本个数除以 S 中的样本总数。熵值越小，子集划分的纯度越高。对于给定的子集 S_j，其信息期望为

$$I(s_{1j}, s_{2j}, \cdots, s_{mj}) = -\sum_{i=1}^{m} P_{ij} \log_2(P_{ij}) \qquad (4-8)$$

其中，P_{ij} 表示 S_j 中的样本属于 C_i 的概率，用 S_{ij}/S_j 表示。

在属性 A 上分枝将获得的信息增益是

$$\text{Gain}(A) = I(s_1, s_2, \cdots, s_m) - E(A) \qquad (4-9)$$

ID3 算法的优点是算法的理论清晰，方法简单易操作，学习能力较强；缺点是对比较

大的数据集失效，对噪声也比较敏感，当训练数据集加大时，产生的决策树可能会随之改变。

2. 算法

C4.5 算法是在 ID3 算法的基础上改进而来的，具体的改进包括以下几个方面：

（1）选择属性时，用信息增益率代替信息增益，克服了用信息增益选择属性时偏向选择取值较多的属性的缺点。

（2）在构造树的过程中直接进行剪枝。

（3）实现了连续属性的离散化处理。

（4）实现了不完整数据的处理。

与其他分类算法，如统计方法、神经网络等比较，C4.5 算法的优势是产生的分类规则易于理解，准确率较高。但是它也存在一些缺点，如在树的构造过程中，需要对数据集进行多次的顺序扫描和排序，算法效率比较低；此外，当训练集大到无法在内存容纳时，C4.5 算法无法运行，此算法只适用于可以驻留于内存的数据集。

3. SLIQ 算法

SLIQ 算法是 IBM 于 1996 年提出的，它在 C4.5 算法的基础上进行了改进，是一种高速可调节的数据挖掘分类算法，主要解决当训练集数据量巨大，无法全部放入内存时，进行高速、准确的生成树的问题。它在构造决策树的过程中采用了"预排序"和"广度优先策略"两种技术。

（1）预排序。在以前的算法中，对于连续属性在每个内部结点寻找其最优分裂标准时，都要对训练集按照该属性的取值进行排序，而排序是很费时的操作。为了降低数值型属性的排序代价，提高处理速度，SLIQ 算法采用了预排序技术。预排序技术就是针对每个属性的取值，把所有的记录按照从小到大的顺序进行排序，从而避免了在决策树的每个结点对数据集进行的排序操作。在操作时，需要为训练数据集的每个属性创建一个属性列表，为类别属性创建一个类别列表。属性表可以写回磁盘。

（2）广度优先策略。C4.5 算法中树的构造是采用深度优先策略完成的，此策略需要对每个属性列表在每个结点处都进行一遍扫描以完成结点的分裂，会消耗大量的时间。为了节省操作时间，提高运行效率，SLIQ 算法利用广度优先策略生成决策树，此策略对每层结点只需要扫描一次属性列表，就可以找到决策树中每个叶子结点的最优分裂方式。

与 C4.5 算法相比，SLIQ 算法采用了上述两种技术，能够处理比 C4.5 规模大得多的训练集，且随着记录个数和属性个数的增长，在一定范围内具有较好的可伸缩性。

但是，SLIQ 算法也存在以下缺点：

（1）该算法创建的类别列表需要存放于内存，而类别列表的元组数与训练集的元组数是相同的，这在一定程度上限制了能够处理的数据集的大小。

（2）该算法采用了预排序技术，而排序算法的复杂度并不与记录数目呈线性关系，这使得该算法不可能达到随记录数目增长的线性可伸缩性。

4. SPRINT 算法

为了减少滞留在内存中的数据量，SPRINT 算法对决策树算法的数据结构进行了进一步的改进，即删除了在 SLIQ 算法中需要存放于内存的类别列表，将它的类别列合并到每个属性列表中，这样就不必参考其他信息。在遍历每个属性列表寻找当前结点的最优的分裂标准时，对结点的分裂就表现在对属性列表的分裂，即将每个属性列表分裂成两个列表，分别存放各个结点的记录。

SPRINT 算法可以更为简便地寻找到每个结点的最优分裂标准，但其也存在缺点，即分裂非分裂属性的属性列表则难以实现。要克服这一缺点，可以在对分裂属性进行分裂时用哈希表记录每个记录属于哪个子结点，如果内存可以容纳整个哈希表，则其他属性列表的分裂只需要参考该哈希表。哈希表的大小与训练的数据集的大小成正比，当训练的数据集很大时，内存也许不能容纳哈希表，而要分批执行分裂操作，这使得 SPRINT 算法不具有很好的可伸缩性。

4.3.3　贝叶斯分类算法

贝叶斯分类算法是统计学的一种分类方法，是一类利用概率论、统计学等知识进行分类的算法，如朴素贝叶斯（Naive Bayes，NB）算法、树增强型朴素贝叶斯（Tree Augmented Bayes Network，TAN）算法等。对于一个未知类别的样本，贝叶斯分类算法首先运用贝叶斯定理来预测该未知类别的样本属于各个类别的可能性，然后比较可能性的大小，将可能性最大的一个类别确定为该样本的最终类别。因为贝叶斯定理是在一个很强的独立性假设前提下才成立的，而此假设在大多数实际情况下是不成立的，所以这在一定程度上降低了此算法的分类准确性。为了克服这一缺点，增强分类的准确性，很多降低独立性假设的贝叶斯分类算法应运而生，TAN 算法就是其中的一种。

1. NB 算法

设每个数据样本用一个 n 维特征向量来描述 n 个属性的值，即 $X = \{X_1, X_2, \cdots, X_n\}$，假定有 m 个类，分别用 C_1，C_2，$\cdots$，C_m 表示。给定一个未知的数据样本 X，若 NB 算法将未知的样本 X 分配给类 C_i，则必有

$$P(C_i \mid X) > P(C_j \mid X), \quad 1 \leqslant j \leqslant m, i \neq j \tag{4-10}$$

根据贝叶斯定理

$$P(C_i \mid X) = \frac{P(X \mid C_i)P(C_i)}{P(X)} \tag{4-11}$$

如果训练数据集有较多属性和元组，则 $P(X \mid C_i)$ 的计算量可能非常大。为减少计算量，通常情况下都假设各属性的取值是互相独立的，则

$$P(X \mid C_i) = \prod_{k=1}^{n} P(X_k \mid C_i) \tag{4-12}$$

可以从训练数据集计算得到先验概率 $P(X_k | C_i)$。对一个未知类别的样本 X，运用 NB 算法，先分别计算出该样本 X 属于每一个类别 C_i 的概率 $P(X | C_i) P(C_i)$，然后比较概率值的大小，将概率最大的类别作为该样本的类别。

当满足各属性之间相互独立的前提时，NB 算法才成立。当数据集满足这种较强的独立性假设时，该算法分类的准确性较高，否则准确性可能较低。除此之外，该算法不输出分类规则。

2. TAN 算法

TAN 算法在 NB 网络结构的基础上增加属性对之间的关联（边），通过发现属性对之间的依赖关系，从而有效地降低了 NB 算法中各个属性之间相互独立的假设。

该方法实现的步骤：用结点表示属性，有向边表示各个属性之间的依赖关系；把类别属性作为根结点，其余所有的属性作为根结点的子结点。一般情况下，用虚线表示 NB 所需要的边，用实线表示新增加的边。属性 A_i 与 A_j 之间的有向边表示它们之间存在着依赖关系，即属性 A_i 对类别变量 C 的影响还取决于属性 A_j 的取值。

增加的边需要满足以下条件：类别变量没有双亲结点，每个属性有一个类别变量双亲结点和最多另外一个属性作为其双亲结点。

确定这组关联边后就可以计算一组随机变量的联合概率，其分布如下：

$$P(A_1, A_2, \cdots, A_n, C) = P(C) \prod_{i=1}^{n} P(A_i | \prod A_i) \qquad (4-13)$$

其中，$\prod A_i$ 表示 A_i 的双亲结点。TAN 算法考虑了 n 个属性中 $(n-1)$ 个两两属性之间的关联性，在一定程度上降低了对属性之间独立性的假设，但由于没有考虑到属性之间可能存在的其他关联性，因此，在很大程度上限制了该算法的适用范围。

3. 贝叶斯网络

贝叶斯网络是用来表示变量间连接概率的图形模式，它表示多个指标的联合分布，提供了一种自然的表示因果信息的方法，用来发现数据间的潜在关系。贝叶斯网络是一种有向无环图（Directed Acyclic Graph，DAG），图中结点表示随机变量，结点间的有向边表示变量间的概率依赖关系，依赖的强度或者说不确定性通过条件概率来表示。

贝叶斯网络可以表示成在随机变量集 $X = \{X_1, X_2, \cdots, X_n\}$ 上的一个二元组，用符号 $G(B, P)$ 表示，变量 X_i 的取值可记为 x_i，变量间的条件独立性可表示为 $I(X_i; X_j | X_K)$，其含义为在给定的 X_K 的条件下，X_i 与 X_j 相互独立。其中 $G(B, P)$ 由两部分构成：

（1）G 代表一个具有 n 个结点的有向无环图，结点对应随机变量 $X = \{X_1, X_2, \cdots, X_n\}$，结点变量可以是任何问题的抽象用以代表属性、状态、测试值等。结点之间的有向边（弧）反映了变量间的依赖关系，有向弧箭头指向的结点称为子结点，箭尾对应的结点称为父结点。

（2）P 表示给定父结点条件下，每个结点的条件概率分布（Conditional Probability Distributing，CPD）条件概率分布，可以用 $P(X_i \mid \mathrm{Pa}(X_i))$ 来描述，其中 $\mathrm{Pa}(X_i)$ 表示结点 X_i 的父节点集合。

依据马尔可夫独立性假设，贝叶斯网络规定图中的任一结点 X_i 条件独立于由 X_i 的父结点给定的非 X_i 后代结点构成的任何结点子集，形式上可记为：$\forall_i$，$I(X_i;$ NonDescedents$(X_i) \mid \mathrm{Pa}(X_i))$，式中 NonDescedents$(X_i)$ 表示 X_i 的非子节点。有向无环图 G 即代表了一系列的条件独立假设，这些假设使得随机变量 $X = \{X_1, X_2, \cdots, X_n\}$ 的联合概率分布具有可分解性，这大大减少了确定联合分布的参数的数目，联合分布的分解式可表示为

$$\Pr\{X_1, X_2, \cdots, X_n\} = \prod_{i=1}^{n} \Pr\{X_i \mid \mathrm{Pa}(X_i)\} \tag{4-14}$$

通过引入独立关系，联合概率分布可以被分解成更小的因式，从而简化知识获取和先验知识的建模过程，降低计算复杂度。

贝叶斯网络的结构 G 表示了在马尔可夫独立性假设条件下的一组独立性假设。令 Ind(G) 表示一组条件独立关系（如 $I(X_i; X_j \mid X_K)$），在贝叶斯网络中，往往有不同的有向无环图可以表示相同的条件独立关系，即 Ind$(G) =$ Ind/(G')，这些图称为贝叶斯网络等价类。贝叶斯网络等价类可用部分有向图（Partially Directed Graph，PDAG）表示，PDAG 中有向边 $X{\rightarrow}Y$ 表示贝叶斯网络等价类中所有的 DAG 均含有此有向边，PDAG 中的无向边 $X{\rightarrow}Y$ 表示，贝叶斯网络等价类中部分 DAG 的边的方向为 $X{\rightarrow}Y$，部分为 $X{\leftarrow}Y$，所有的 PDAG 称为 CPDAGs（Completed-PDAGs），它包含了贝叶斯网络中的所有等价类。

4.3.4 人工神经网络

人工神经网络（Artificial Neural Network，ANN）是人们在模拟人脑处理问题的过程中发展起来的一种新型的信息处理理论，也称神经网络。它是由大量类似神经元相互连接构成的非线性的复杂系统。神经网络基于模仿生物大脑的结构和功能，采用数学和物理方法进行研究而构成的一种信息处理系统，通过调整各神经元之间的连接强度，模拟人的学习、归纳和分类能力，广泛应用于信号处理、模式识别、智能检测及其他工程领域。

1. 人工神经元模型

常用的人工神经元模型主要基于模拟生物神经元信息的传递特性，即输入、输出关系。如果用模拟电压表示生物神经元输入、输出脉冲的密度，则生物神经元信息传递的主要特性可以用图 4-7 的模型来模拟。

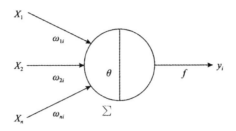

图 4 - 7　人工神经元模型

在图 4 - 7 中，$X_1(i = 1,2,\cdots,n)$ 表示加于输入端突触上的输入信号；ω_i 表示相应原突触连接权重系数，它是模拟突触传递强度的一个比例系数；$\sum$ 表示突触后信号的空间累加；θ 表示神经元的阀值；f 表示神经元的响应函数。

此人工神经元模型的数学表达式为

$$I_i = \sum_{j=1}^{n} \omega_{ji} x_j - \theta_i \tag{4-15}$$

$$y = f(I_i) \tag{4-16}$$

传递函数 $f(x)$ 通常是非线性函数，比如阶跃函数、S 状曲线等，也可以是线性函数。以下是一些常用的神经元非线性函数。

（1）阈值型函数。

此模型中，神经元没有内部状态，当 y_i 取 0 或 1 时，$f(x)$ 为一阶跃函数：

$$f(x) = \begin{cases} 1, & x \geqslant 0 \\ 0, & x < 0 \end{cases} \tag{4-17}$$

当 y_i 取 -1 或 1 时，$f(x)$ 为 sgn 函数：

$$\mathrm{sgn}(x) = \begin{cases} 1, & x \geqslant 0 \\ -1, & x < 0 \end{cases} \tag{4-18}$$

（2）S 型函数。

通常为在（0，1）或（-1，1）内连续取值的单调可微分的函数。常用响应函数为 S 型（Sigmoid）函数：

$$f(x) = \frac{1}{1 + \mathrm{e}^{-\beta x}}, \quad \beta > 0 \tag{4-19}$$

当 β 趋于无穷时，S 状曲线趋近于阶跃函数。一般情况下，β 取值为 1。

2. 人工神经网络的构成

当神经元的模型确定之后，一个神经网络的特性和能力主要是由网络的拓扑结构及学习方法决定的。按照不同的神经元互联模式，神经网络主要可分为前馈网络、反馈网络、自组织网络和随机型网络 4 类。

（1）前馈网络。前馈网络可划分为若干层（包括输入层、隐含层和输出层），一般情况下，第 i 层的神经元只接收第 $(i-1)$ 层神经元传递的信号，各神经元间没有反馈。

（2）反馈网络。反馈网络在前馈网络的基础上增加了反馈连接，可以是异反馈也可以是自反馈，同时网络中还可以有计算功能的隐神经元。

（3）自组织网络。自组织网络能够识别环境中的特征，并自动聚类。

（4）随机型网络。随机型网络是在网络运行和学习算法中引入了随机机制。

3. 人工神经网络的学习

当神经网络的拓扑结构确定后，需要有相应的学习方法与它配合，它才会具备某些智能特性。因此，人工神经网络研究的核心问题是学习方法。

对于人工神经网络，它的适应性是通过学习实现的，学习是神经网络研究的一个重要内容。学习方法实质上就是网络连接权的调整方法。人工神经网络一般通过以下两种方法确定连接权值：一种是根据具体要求直接计算出来的，比如 Hopfield 网络的优化计算就是运用这种方法；另一种是通过不断学习调整得到的，大多数人工神经网络都运用这种方法。

由于网络结构和功能的不同，学习方法也是各种各样的，这里仅介绍人工神经网络中一些比较基本的、常用的学习规则。

（1）修正型。这属于一种有导师的学习规则，连接权调整的依据是理想处理的结果与实际处理结果的误差值。通过不断地减小误差来完成整个学习过程。

（2）Hebb 型。这条规则的思路是通过连接神经元的状态来改变权值。神经元只有两种状态："兴奋"和"抑制"。当相邻的两个处理单元同时处于"抑制"状态时，连接变弱。

（3）随机型。此条规则中，网络变量的调整是以激励函数的改变为准的。其中的变化带有一定的随机性。此时网络变量可以是权值，也可以是处理单元的状态。

（4）竞争型。竞争型是指在无导师的学习过程中，只提供训练的样本，而不涉及输出的结果，处理单元通过自身的学习进入到相应的类别当中。处理单元通过相互的竞争，只留下几个处理单元处于"兴奋"的状态，以感应输入信号的影响。

神经网络的主要任务是对外部世界进行建模，并通过学习使模型与外部环境充分一致来完成特定的任务。不同的网络类型使用不同的学习方法可以获得不同的网络模型，在实际应用中，需要根据具体应用的特点来设计合适的网络模型。

在网络学习阶段，为了实现输入样本与其相应正确类别的对应，网络需要调整权重值。神经网络的学习之所以也称连接学习，是因为网络主要是针对其中的连接权重进行学习的。图 4-8 表示的是一个典型的多层前馈神经网络。

由于人工神经网络学习时间比较长，因此它仅仅适用于时间容许的应用场合，这在一定程度上限制了它的应用。此外它还需要一些关键参数，如网络结构等，这些参数通常需要经验才能够有效地确定；且神经网络的输出结果也是比较难理解的。

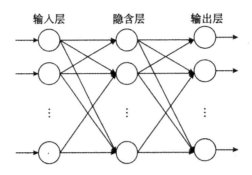

图 4-8 一个多层前馈神经网络

人工神经网络的优点就是对未知的数据具有较好的预测、分类能力，而且对噪声数据有较好的适应能力。目前不断有人提出一些从神经网络中挖掘出（知识）规则的新算法。

4.3.5 支持向量机

支持向量机（Support Vector Machine，SVM）方法是建立在统计学习理论的 VC 维理论和结构风险最小原理基础上的，根据有限的样本信息在模型的复杂性（即对特定训练样本的学习精度）和学习能力（即无错误地识别任意样本的能力）之间寻求最佳折中，以求获得最好的推广能力。

支持向量机是在线性可分条件下的最优分类面发展起来的，对于常见的二分类问题，假设有训练集 (x_i, y_i)，$i=1, 2, \cdots, n$，$x_i \in R^d$，$y \in \{-1, 1\}$，可以被一个超平面分开，如图 4-9 所示，两种图标代表两种类别，$h: (w \times x_i) + b = 0$ 表示分类线，两类的边界样本都在 h_1、h_2 两条直线上，且两条直线都是与 h 平行的。两条直线之间的距离表示两类样本点之间的距离。最优 h 既能将两个类别毫无偏差的区分，又能使分类间隔最大。

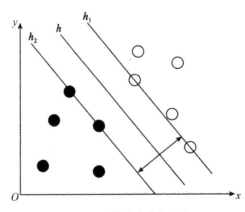

图 4-9 最优分类超平面

可以用以下公式表示直线 h_1、h_2：

$$y_i[(w \times x_i) + b] - 1 = 0, \quad i = 1, 2, \cdots, n \qquad (4-20)$$

两类样本之间的分类距离 margin＝2/‖w‖，其中使‖w‖² 最小的分类线就是最优分类线。支持向量是指两类样本中离分类面最近的超平面上的点，即 h_1、h_2 上的点就是支持向量。

1. 线性可分 SVM

由上可知，超平面（w×x）＋b＝0 能将两类样本正确区分开来，使得分类间隔最大的优化问题就表示为

$$\min \varphi(w) = \|w\|^2 = \frac{1}{2}\boldsymbol{w}^{\mathrm{T}}\boldsymbol{w}$$

满足　　　　　　$y_i[(w \times x_i + b) - 1] \geqslant 0, \quad i = 1, 2, \cdots, n$ 　　　　　　（4-21）

公式中约束条件和目标函数都满足凸条件，故其具有唯一的全局解且值最小。为了导出原始问题的对偶问题，引入了 Lagrange 函数：

$$L(w, b, \boldsymbol{a}) = \frac{1}{2}\|w\|^2 - \sum_{i=1}^{n} a_i\{y_i[(w \times x_i) + b] - 1\}$$ 　　（4-22）

其中 $\boldsymbol{a} = (a_1, a_2, \cdots, a_n)^{\mathrm{T}}$ 是 Lagrange 乘子向量。因此，我们得到原问题的对偶问题：

$$\min \frac{1}{2}\sum_{i=1}^{n}\sum_{j=1}^{n} y_i y_j (x_i \times x_j) a_i a_j - \sum_{j=1}^{n} a_j$$

满足　　　　　　$\sum_{i=1}^{n} a_i y_i = 0, a_i \geqslant 0, i = 1, 2, \cdots, n$ 　　　　　（4-23）

求解上面的凸二次规划问题可以得到解 $a^* = (a_1^*, \cdots, a_n^*)^{\mathrm{T}}$，计算 $w^* = \sum_{i=1}^{n} a_i^* y_i x_i$，选取 $\boldsymbol{a}^*$ 的一个正分量 a_j^*，据此计算

$$b^* = y_i - \sum_{i=1}^{n} a_i^* y_i (x_i \times x_j)$$ 　　　　　　　　（4-24）

构造分化超平面（$w^* \times x$）＋b^*＝0，由此求得决策函数

$$f(x) = \mathrm{sgn}\Big[\sum_{i=1}^{n} y_i a_i^* (x_i \times x) + b^*\Big]$$ 　　　　（4-25）

2. 线性不可分 SVM

有些样本集在线性条件下是不能够被正确分类的。但是可以放宽正确分类的条件，只要这个样本点落在能够被正确分类点的附近，就可以认为这个样本点能够被"正确"分类。这就是引入松弛变量的思想，那么问题的表述形式变成

$$y_i[(w \times x_i) + b] - 1 + \xi_i \geqslant 0, \quad \xi_i \geqslant 0, i = 1, 2, \cdots, n$$ 　（4-26）

寻找目标函数变为

$$\varphi(w) = \frac{1}{2}\|w\|^2 + C\sum_{i=1}^{n} \xi_i$$ 　　　　　　　　（4-27）

为了避免 ξ_i 取值太大降低解的质量，引入了可调参数 C 对没有正确分类样本进行惩罚，C 越大对错误的惩罚越重。常用 Lagrange 方法将上式最优分类面问题转化为对偶问

题，在 $\sum\limits_{i=1}^{n} y_i a_i = 0$ 和 $0 \leqslant a_i \leqslant C, i = 1, 2, \cdots, n$ 的约束下，用与线性可分情况下相同方法求解这一优化问题，同样得到一个二次函数极值问题，得到最优分类判别函数：

$$f(x) = \text{sgn}\{w^* \times x + b^*\} = \text{sgn}\Big[\sum_{i=1}^{n} y_i a_i^* (x_i \times x) + b^*\Big] \tag{4-28}$$

3. 非线性 SVM

非线性 SVM 的基本思想是通过事先确定的非线性映射将输入向量 x 映射到一个高维特征空间（Hilbert 空间）中，然后在此高维空间中构建最优超平面。

从前面对线性 SVM 的讨论中可以看出，向量之间只进行点积运算。那么映射到的高维空间中也只需要内积运算，但是在高维空间进行内积运算是一个很烦琐的过程。如果能够在低维空间就能计算出高维内积，那么可以减少很多工作。研究人员发现存在某种类型的函数能够刚好满足上面的条件。

根据 Hilbert—Schmidt 原理，只要一种核函数满足 Mercer 条件，即对任意对称函数 $K(x, x')$，它是某个特征空间中的内积运算的充要条件为：对任意的 $\varphi(x) \neq 0$，有

$$\int \varphi^2(x) \mathrm{d}x < \infty$$

$$\iint K(x, x') \varphi(x) \varphi(x') \mathrm{d}x \mathrm{d}x' > 0 \tag{4-29}$$

此时，二次规划问题的目标函数变为

$$Q(a) = \sum_{i=1}^{n} a_i - \sum_{i,j=1}^{n} a_i a_j y_i y_j (x_i \times x_j) \tag{4-30}$$

对应的分类决策函数可以表示为

$$f(x) = \text{sgn}\{w \times x + b\} = \text{sgn}\Big[\sum_{i=1}^{n} y_i a_i^* (x_i \times x) + b^*\Big] \tag{4-31}$$

4. 核函数

支持向量机的关键在于核函数。低维空间向量集通常难于划分，解决的方法是将它们映射到高维空间。但是这个办法带来的困难就是计算复杂度的增加，而核函数正好巧妙地解决了这个问题。也就是说，只要选用适当的核函数，就可以得到高维空间的分类函数。在支持向量机理论中，采用不同的核函数将导致不同的算法。

选择不同形式的核函数就可以生成不同的支持向量机，常用的有以下几种：

（1）线性核函数：$K(x, y) = x \times y$。

（2）多项式核函数：$K(x, y) = [(x \times y) + 1]^d$，$d$ 为参数，用该核函数的 SVM 是一个多项式分类器。

（3）高斯核函数：$K(x, y) = \exp[-\|x - y\|^2 / (2\delta^2)]$，用该核函数的 SVM 是一个径向基函数分类器。

（4）Sigmoid 核函数：$K(x, y) = \tanh[k(x \times y) - \delta]$，用该核函数的 SVM 是一

个两层的多层感知器神经网络。

由于确定核函数的已知数据也存在一定的误差，考虑到推广性问题，因此引入了松弛系数及惩罚系数两个参变量来加以校正，在确定了核函数的基础上，再经过大量对比实验等将这两个系数取定，该项研究就基本完成。核函数适合相关学科或业务内应用，且有一定能力的推广性。

当然误差是绝对的，不同学科、不同专业的要求不一。目前，支持向量机已经在许多领域（生物信息学、文本分类和手写识别等）都取得了成功的应用。

4.3.6　其他分类方法

除了上述分类方法以外，常见的其他分类方法还包括 k-最临近分类、基于案例的推理、遗传算法、粗糙集、模糊集等。下面简单介绍这 5 种分类方法。

1. k-最临近分类

最临近分类是一种基于类比学习的分类方法。设用 n 维数值属性描述训练样本，每个样本对应 n 维空间的一个点，则所有的训练样本都包含在 n 维空间中。对于一个给定的未知样本，k-最临近分类法首先在 n 维模式空间中进行搜索，然后按照接近程度选择 k 个训练样本，这 k 个训练样本是最接近给定的未知样本的，即为未知样本的 k 个"近邻"。通常用欧几里得距离定义"临近性"。设空间中两个点 $X=(x_1, x_2\cdots, x_n)$ 和 $Y=(y_1, y_2, \cdots, y_n)$，则它们的欧几里得距离为

$$d(X,Y) = \sqrt{\sum_{i=1}^{n} (x_i - y_i)^2} \tag{4-32}$$

在这 k 个最接近未知样本的训练样本中，选择最公共的类作为未知样本的类。当 $k=1$ 时，则选择与未知样本最临近的训练样本的类作为未知样本的类。

当存放的训练样本数量很大时，该方法的计算开销较大。最临近分类可以返回给定的未知样本实数值预测，这是最临近分类的预测作用。在这种情况下，最临近分类返回的是与未知样本的 k 个最临近训练样本实数值标号的平均值。

2. 基于案例的推理

基于案例的推理（CBR）分类法是一种基于要求的分类方法。该方法存放的训练样本是较为复杂的符号描述，这与最临近分类法将训练样本作为欧氏空间中的点存放的方式不同。CBR 的应用比较广泛，在商务、工程和法律领域等都有应用。CBR 的商务应用包括顾客服务台问题求解、案例描述产品有关的诊断问题等。CBR 在工程和法律方面的案例分别是技术设计与合法规则。

对于一个给定的待分类的未知案例，CBR 首先检查是否有一个相同训练样本存在，若有，则返回训练样本中所包含的解决方法；若没有，则寻找与待分类的未知例的组成有相似之处的训练样本，从某种意义上讲，这些训练样本也是新示例的最近邻。如果案例可

以用图来表示，那么这就涉及与未知案例相似的子图的搜索。基于案例的推理试图对最近邻的训练案例进行合并以给出一个（针对新案例）解决方法。若各案例返回方法不兼容，必要时还必须回溯搜索其他的解决方法。基于案例的推理器可以利用背景知识和问题求解策略来帮助获得一个可行的解决方法。

基于案例的推理分类方法中，存在的问题包括寻找相似性度量方法（如子图匹配）、开发快速索引技术和求解方法的合并等。

3. 遗传算法

遗传算法是一种借鉴自然进化基本思想的随机化搜索方法。它是借鉴了进化生物学中的一些现象（包括遗传、突变、自然选择、杂交等）而发展起来的。该算法具有以下特点：直接作用于结构对象，对函数的连续性以及函数的求导没有限制；存在内在的并行性；具备较好的全局寻找最优解的特性等。遗传算法运用概率化的寻求最优解的方法，不必制定明确的规则，能在搜索过程中自动获取和积累有关搜索空间的知识，并自适应地控制搜索过程以求得最优解。同时对搜索方向进行自适应的调整。

遗传算法一般的操作步骤如下[①]：

（1）首先进行初始化操作。初始进化代数计数器设为 $t=0$，最大进化代数设为 T，初始群体记为 $P(0)$，该初始群体是随机生成的，其中包含有 M 个个体。

（2）个体评价操作。通常用适应度对个体进行评价，该步骤就是对群体 $P(t)$ 中的每个个体的适应度进行计算。

（3）选择运算操作。该操作将选择作用在群体上的算子。选择的目的是把优化的个体遗传到下一代或者通过配对交叉产生新的个体，然后再遗传到下一代。该操作是建立在个体评价操作上的，即是在个体适应度评估的基础上进行的。

（4）交叉运算操作。将交叉算子作用于群体，从而生成新的个体。交叉算子在该操作中具有关键性的作用，也是遗传算法的核心。

（5）变异运算操作。改动一些群体中个体串的某些基因座上的基因值，也就是在群体中运用变异算子。

下一代群体 $P(t+1)$ 就是在群体 $P(t)$ 经过选择、交叉、变异操作后得到的。

（6）算法终止条件的判断。算法在运行过程中，会对终止条件进行判断，若满足终止条件，遗传算法操作终止，即若 $t>T$，则算法终止，并输出最优解。最优解就是在进化过程中得到的具有最大适应度的个体。

遗传算法是计算机科学人工智能领域中用于解决最优化的一种启发式搜索算法，是进化算法的一种，这种启发式通常用来生成有用的解决方案来优化和搜索问题。遗传算法在适应度函数选择不当的情况下有可能收敛于局部最优，而不能达到全局最优。

---

① http：baike. baidu. com/view/45853. htm？ func＝retitle

4. 粗糙集

粗糙集理论可以应用于分类问题，以帮助找出噪声数据或不准确数据中所存在的结构关系。它只能处理离散值属性，而连续值属性必须在进行离散化后才能运用粗糙集理论进行处理。

对于给定的训练数据集，首先建立数据内部的等价类。形成等价类的所有数据样本是不做任何区分的，也就是说，对于描述数据的属性，这些样本是等价的。粗糙集理论就是基于这些等价类建立的。通常情况下，在给定的数据中，有些类不能精确地被可用的属性区分。在这种情况下，可以运用粗糙集理论对这些类进行近似的定义。给定类 C 的粗糙集定义用两个集合近似：C 的下近似和 C 的上近似。根据关于属性的知识，如果数据样本明确属于 C，则这些数据样本组成 C 的下近似；如果数据样本不可能被认为不属于 C，则所有这些数据样本组成 C 的上近似，如图 4-10 所示，其中一个矩形区域表示一个等价类。判定规则可以对每个类产生，这些规则一般用判定表来表示。

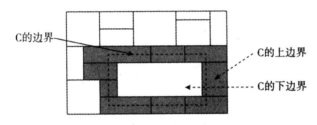

图 4-10　一个粗糙集的示意图

可以运用粗糙集来进行特征归约、相关分析等操作，从给定的数据集中寻找出能够描述所有数据特征概念的最小属性集合本身就是一个 NP-难问题。人们提出了一些可以帮助减少其计算复杂度的算法，例如，利用可分辨矩阵，该矩阵储存每对数据样本之间属性取值的差别信息。借助可分辨矩阵就无须搜索这个数据样本集合，而只需要搜索该矩阵，就可以帮助发现冗余属性。

5. 模糊集

基于规则的系统应用于分类，处理连续值时是间断的，这是基于规则分类存在的不足。例如，对于顾客信用申请批准，应用以下规则：批准一个工作时间为二年或二年以上且收入较高（如：income50$\geqslant K$）的人的信用申请。

IF(years _ employed $\geqslant$ 2)^(income $\geqslant$ 50K) THEN⋯credit = approved

由以上规则，一个工作时间为二年以上的顾客，若他的收入大于 50K，则他的信用申请将被批准，但若他的收入为 49K，则他的申请就得不到批准。

这样的处理显然是不合理的。在这种情况下，引入模糊逻辑有利于解决这一问题。由于模糊逻辑可以利用 0.0 到 1.0 之间的实数来对应每个特定值属于某个给定类别的程度，因此这里利用模糊逻辑就可以描述"高收入"这样一个模糊概念，而无须使用大于 50K 的这样一个硬性标准。

在进行分类的数据挖掘系统中，引用模糊逻辑概念具有在较高的抽象层次上进行数据挖掘的优势，这体现了模糊逻辑在分类中具有非常重要的作用。基于规则系统运用模糊逻辑一般包括以下几个操作：

（1）属性值需转化成模糊值，如图 4-11 所示，就是将一个连续取值属性 income 映射到离散类别中（低收入、中等收入和高收入），并计算出相应的模糊值（概念隶属度）。模糊逻辑系统通常都会提供相应操作工具来帮助用户完成这一映射工作。

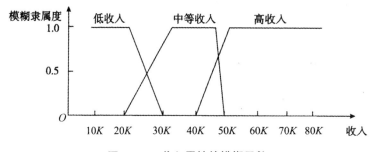

图 4-11　收入属性的模糊函数

（2）对于一个给定的新样本，可以应用多个规则。在这些被应用的规则中，每一个规则都贡献一票给概念隶属度的计算。通常情况下，要得到最终的结果，需要累加每个预测类别的相应隶属度，即模糊值。

（3）系统返回在步骤（2）中得到的隶属度总和。可以对每个隶属度增加一个权重，即每个隶属度乘以相应的权重值，然后再进行累加操作。依赖模糊隶属函数是比较复杂的，其计算可能也很复杂。

目前，模糊集分类法已经应用到许多领域中，如健康医疗和金融保险等领域。

4.3.7　回归分析

回归分析（Regression Analysis）是确定两种或两种以上变量间相互依赖的定量关系的一种统计分析方法。回归分析运用十分广泛，它按照涉及自变量的多少，可分为一元回归分析和多元回归分析；按照自变量和因变量之间的关系类型，可分为线性回归分析和非线性回归分析。在回归分析中，如果只包括一个自变量和一个因变量，且二者的关系可用一条直线近似表示，这种回归分析则称为一元线性回归分析。如果回归分析中包括两个或两个以上的自变量，且因变量和自变量之间是线性关系，则称为多元线性回归分析。

1. 线性和多元回归

对一个连续数值的预测可以利用统计回归方法所建的模型来实现。线性回归是一种最简单的回归方法，利用一条直线来描述相应的数据模型。二元回归模型的因变量 Y 可用自变量 X 的线性函数表示为

$$Y = \alpha + \beta X \qquad (4-33)$$

其中，Y 的方差为常数；α 和 β 是回归系数，分别表示直线在 Y 上的截距和直线的斜率。可以运用最小二乘法对这些系数进行求解，使得实际数据与该直线的估计之间误差最小。给定 s 个样本或形如 (x_1, y_1)，(x_2, y_2)，$\cdots$，(x_s, y_s) 的数据点，回归系数 α 和 β 可用如下公式计算：

$$\beta = \frac{\sum_{i=1}^{s}(x_i - \overline{x})(y_i - \overline{y})}{\sum_{i=1}^{s}(x_i - \overline{x})^2} \tag{4-34}$$

$$\alpha = \overline{y} - \beta\overline{x} \tag{4-35}$$

其中，$\overline{x}$ 是 x_1，x_2，$\cdots$，x_s 的平均值；$\overline{y}$ 是 y_1，y_2，$\cdots$，y_s 的平均值。

多元回归是线性回归的扩展，涉及多个自变量。因变量 Y 可以是一个多维特征向量的线性函数。基于两个预测属性或变量 X_1、X_2 的多元回归模型的例子如下：

$$Y = \alpha + \beta_1 X_1 + \beta_2 X_2 \tag{4-36}$$

同理，利用最小二乘法可以获得 α、β_1 和 β_2 的数值。

2. 非线性回归

通过在基本的线性回归模型公式中添加高阶项（项的次数大于 1），得到多项式的回归模型。一般运用变量转换方法将非线性模型转换为能够应用最小二乘法来求解的线性模型。

现有一个如下公式的三阶多项式：

$$Y = \alpha + \beta_1 X + \beta_2 X^2 + \beta_3 X^3 \tag{4-37}$$

为了将其用转换为线性回归模型，可以增加两个新变量，公式如下：

$$X_1 = X, \quad X_2 = X^2, \quad X_3 = X^3 \tag{4-38}$$

可以转换成线性形式，如下所示：

$$Y = \alpha + \beta_1 X_1 + \beta_2 X_2 + \beta_3 X_3 \tag{4-39}$$

这样，利用最小二乘法就可以获得这一公式的各项系数：α、β_1、β_2、β_3。有一些模型本身就是非线性不可分的，对于这些情况，若想得到最小二乘情况下的近似，则可能需要通过对更复杂的公式进行计算。

3. 其他回归模型

对于连续取值的函数，可以运用线性回归对其建立模型。线性回归因其较为简单的特点而得到了广泛的应用。对于离散取值变量，可以运用广义线性模型对其进行回归建模。在广义线性模型中，因变量 Y 的变化速率是自变量 X 均值的一个函数，而线性回归中因变量 Y 的变化速率是一个常数，这是两者的一个区别。常见的广义线性模型有对数回归模型和泊松回归模型。其中，对数回归模型是以一些事件发生的概率作为自变量的线性回归模型；泊松回归模型主要描述数据出现次数，因为这些数据的出现次数常常表现为泊松分布。

4.4 数据聚类分析

聚类分析旨在发现紧密相关的观测值群组，使得与属于不同簇的观测值相比，属于同一簇的观测值相互之间尽可能相似。相异度是基于描述对象的属性值来计算的，距离是经常采用的度量方式。聚类分析源于许多研究领域，包括数据挖掘、统计学、生物学以及机器学习。

本节将介绍一些常用的聚类分析方法，以及数据对象间距离的具体计算过程，该计算方法的依据是数据对象的属性。通常聚类方法主要有划分方法、层次聚类方法、基于模型的方法、基于密度的方法、基于网格的方法和双聚类方法等。

4.4.1 基本概念

聚类是数据挖掘、模式识别等研究中的一个重要内容，在识别数据的内在结构方面具有极其重要的作用。聚类主要应用于模式识别中的语音识别、字符识别等，机器学习中的聚类算法用于图像分割和机器视觉，图像处理中聚类用于数据压缩和信息检索。聚类的另一个主要应用是数据挖掘（多关系数据挖掘）、时空数据库应用（GIS等）、序列和异类数据分析等。此外，聚类还应用于统计科学，对生物学、心理学、考古学、地质学、地理学以及市场营销等研究也都有重要的作用。

一个聚类的经典定义：一个类簇内的实体是相似的，不同类簇的实体是不相似的；一个类簇是测试空间中点的汇聚，同一类簇的任意两个点间的距离小于不同类簇的任意两个点间的距离；类簇可以描述为一个包含密度相对较高的点集的多维空间中的连通区域，它们借助包含密度相对较低的点集的区域与其他区域（类簇）相分离。

事实上，聚类是一个无监督的分类，它没有任何先验知识可用。

典型的聚类过程主要包括数据（或称之为样本或模式）准备、特征选择和特征提取、接近度计算、聚类（或分组）及对聚类结果进行有效性评估等步骤。

（1）数据准备。数据准备包括特征标准化和降维。

（2）特征选择。从最初的特征中选择最有效的特征，并将其存储于向量中。

（3）特征提取。通过对所选择的特征进行转换形成新的突出特征。

（4）聚类。首先选择合适特征类型的某种距离函数（或构造新的距离函数）进行接近程度的度量，而后执行聚类或分组。

（5）聚类结果评估。聚类结果评估是指对聚类结果进行评估。

评估主要有 3 种：外部有效性评估、内部有效性评估和相关性测试评估。

没有任何一种聚类算法可以普遍适用于各种多维数据集所呈现出来的多种多样的结构。通常，需要根据实际的情况选择较为合适的聚类分析算法，比如选择时要考虑应用所涉及的数据类型、聚类的目的、具体应用要求等因素。根据数据在聚类中的积聚规则以及应用这些规则的方法，有多种聚类算法。

4.4.2 划分方法

对于一个给定的包含 n 个数据对象的数据库，要把其中的对象分成 K 个聚类，划分方法就是运用一些相关的算法将对象集合划分成 k 份（$k \leqslant n$），其中每个划分表示一个聚类。较好的聚类划分体现在：属于一个聚类中的对象是"相似"的，而属于不同聚类中的对象是"不相似"的。通常，要求所得到的聚类使得客观划分标准（常称为相似函数，如距离）最优化以达到较好的聚类划分效果。

比较常用的划分方法包括 k-Means、k-Medoids、EM 算法等，以及一些在这些算法的基础上做了改进的算法。

1. k-Means 算法

k-Means 算法以 k 为参数，把 n 个对象分为 k 个簇，以使类内具有较高的相似度，而类间的相似度最低。相似度的计算根据一个簇中对象的平均值（被看作簇的重心）来进行。

k-Means 算法的处理流程：首先，随机地选择 k 个对象，每个对象初始地代表了一个簇中心；对剩余的每个对象，根据其与各个簇中心的距离，将它赋给最近的簇；然后重新计算每个簇的平均值；不断重复这个过程直到准则函数收敛。通常采用均方差作为标准测度函数，定义如下：

$$E = \sum_{i=1}^{k} \sum_{p \in C_i} \mid p - m_i \mid^2 \tag{4-40}$$

其中，E 表示数据库中所有对象的均方差总和；p 表示空间中代表某个对象的一个点，m_i 表示聚类 C_i 的均值。

这一聚类标准的目的是使得到的 k 个聚类满足：各个聚类本身具有较高的相似度，而各聚类之间在最大程度上分开。该算法的计算复杂度为 $O(nkt)$，其中 n 表示对象个数，k 表示聚类个数，t 表示循环次数，通常情况下，$k \ll n$ 和 $t \ll n$。该算法常常终止于局部最优。由此，可以看出 k-Mean 算法在一定程度上可以有效地处理大数据库。

2. k-Medoids 算法

k-Means 算法存在着一些不足，比如异常数据会影响该算法各聚类均值的计算，影响对数据分布的估计，而且该算法对离群点很敏感。因此，人们在 k-Means 算法的基础上做了一些改进，得到了 k-Medoids 算法。不同于 k-Means 算法运用各聚类的均值作为聚类中心，k-Medoids 算法运用 medoid 作为参考点，然后计算各个对象与各个参考点之间的距离，即差异性之和，根据这个总和最小化的原则，应用划分方法来实现对象的聚类划分。

k-Medoids 算法的基本操作过程：首先随意选择一个对象代表每个簇，剩余的对象根据其与代表对象的距离分配给最近的一个簇。然后反复地用非代表对象来替代代表对象，以改进聚类的质量。聚类结果的质量用一个代价函数来估算，即评估对象与其参照对象之间的平均相异度。

3. EM 算法

期望最大化（Expectation Maximization，EM）算法不是将对象明确地分到某个簇，而是根据表示隶属可能性的权来分配对象。也就是说，在簇之间没有严格的边界。新的均值基于加权度量值计算。

在实际应用中，有相当多的问题属于数据残缺问题。不能直接观察到的变量称为隐含变量，任何含有隐含变量的模型都可以归为数据残缺问题。EM 算法是解决数据残缺问题的一个十分有效的算法。

4.4.3 层次聚类方法

层次聚类方法的基本思路是将数据分为若干组并形成一个组的树从而进行聚类。一般有两种基本层次聚类方法：一种是自下而上聚合层次聚类方法（AGNES）。该方法的基本操作：先将每个对象自身作为一个聚类，然后聚合这些聚类以得到更大的聚类，当所有对象都聚合成为一个聚类或满足一定终止条件时操作完成。另一种是自顶而下分解层次聚类方法（DIANA），该方法先将全部的对象当成一个聚类，然后不断分解这个聚类以得到更小的聚类，在这个过程中小聚类的个数不断增多，当所有对象都独自构成一个聚类或满足一定终止条件时操作完成。上述两种层次聚类方法的操作过程是相反的。具体过程如图 4 - 12 所示。

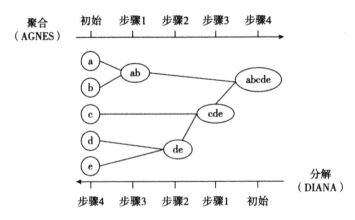

图 4 - 12 聚合和分解层次聚类方法示意描述

层次算法能够产生高质量的聚类，但也存在计算和存储需求较大，缺乏全局目标函数，合并决策不能撤销等问题。因此，经常将层次方法与其他聚类技术相结合以进行多阶段的聚类，比较著名的方法有 BIRCH（Balanced Iterative Reducing and Clustering using Hierarchies）和 CURE（Clustering Using Representative）等。

1. BIRCH

BIRCH 方法是一种集成的层次聚类方法，聚类特征（Clustering Feature，CF）和聚类特征树（CF Tree）是该方法的两个重要概念。聚类描述可以运用这两个概念来进行概要总结。相应的有关数据结构有利于使聚类方法提高聚类速度，而且也有利于提高处理大数据库的可拓展性。另外，BIRCH 方法能够有效地进行增量和动态聚类。

聚类特征是一个三元组，该三元组储存了对象子集的概要信息。设一个子聚类包含 N 个 $d-$维数据或对象 δ_i，则此子聚类的 CF 定义为

$$CF = (N, \overrightarrow{LS}, SS) \qquad (4-41)$$

其中，N 表示该子聚类包含的对象个数；$\overrightarrow{LS}$ 表示这 N 个点之和，即 $\sum_{i=1}^{N} \overrightarrow{\delta_i}$；SS 表示数据点的平方和，即 $\sum_{i=1}^{N} \overrightarrow{\delta_i^2}$。聚类特征的作用基本上就是总结给定的子聚类的统计信息，其中包括聚类计算以及空间存储利用所需的关键信息。

BIRCH 方法操作主要有以下两个阶段：

第一阶段：扫描数据库，建立一个基于内存的初始 CF 树。此树保留了数据中包含的有关聚类结构的信息，在一定程度上可以看成是对数据的压缩。

第二阶段：选择一个合适的聚类算法，对 CF 树的叶结点进行聚类。

BIRCH 方法采用多阶段处理的方式为：首先扫描一遍数据，从而获得一个基本理想的聚类；通过第二次扫描数据来帮助改善所获聚类的质量。BIRCH 的计算复杂度为 $O(n)$，其中 n 为带聚类的对象数。

2. CURE

CURE 算法属于聚合方法与分解的中间做法，它描述一个聚类不仅仅是采用一个聚类中心或者对象来进行，而是选取固定数目具有代表性的空间点来进行一个聚类表示。表示聚类代表性的点的产生，先要对分布较好的聚类对象进行选择，接着按照特定的速率（收缩因子）把它们"收缩"或是移至聚类的中心。每一步算法，都是合并拥有分别来源于两个不同聚类两个代表性点所涉及的两个聚类。

每个包含超过一个代表性点的聚类对于 CURE 方法调整好它的非圆状边界非常有帮助，聚类的收缩或是压缩都对压制异常数据起到一定的作用。因此 CURE 方法对异常数据表现得更具鲁棒性，同时它也能识别具有非圆形状和不同大小的聚类。此外，该方法在不牺牲聚类质量的情况下，对大数据库的处理也具有较好的可扩展性。

3. ROCK

ROCK 也是一个聚合层次聚类算法，与 CURE 不同，ROCK 适合处理符号属性，一般度量两个簇的相似度是根据比较集合的互连性与用户定义的互连性模型来进行的。

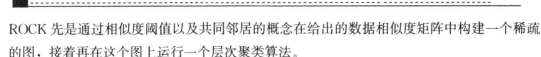

ROCK 先是通过相似度阈值以及共同邻居的概念在给出的数据相似度矩阵中构建一个稀疏的图，接着再在这个图上运行一个层次聚类算法。

4. Chameleon

Chameleon 算法是一种在层次聚类中采用动态模型的聚类算法，是在 CURE 算法与 ROCK 算法有所不足的基础上提出的。CURE 算法与它的相关方案忽略了两个不同簇中数据项的聚集互联性信息；而 ROCK 算法及其相关方案则忽略了两个不同簇的接近度。Chameleon 算法既考虑两个簇之间的互联性，又考虑两个簇之间的接近度。在建立两个不同簇间互联度和接近度时，利用每个簇内部对象的特征来定义相似的子簇。因而，Chameleon 并不依靠于静态的、用户提供的模型，只要定义了相似函数就能够应用于各种类型的数据。

4.4.4　基于密度的方法

基于密度方法可以在具有任意形状的聚类的发现上提供帮助。通常在一个数据空间中，低密度（稀疏）的对象区域（一般就认为是噪声数据）将会分割高密度的对象区域。

1. DBSCAN

DBSCAN（Density-Based Spatial Clustering of Applications with Noise）是一种基于密度的聚类算法。这种算法能够把拥有较高密度的区域划分成簇，同时能将空间数据库中任意形状的聚类从"噪声"中分离，它将簇定义为密度相连的点的最大集合。

基于密度的聚类的基本想法和一些相关的定义，具体如下：

（1）一个给定对象的 ε 半径内的近邻就叫作这个对象的 ε-近邻。

（2）若一个对象的 ε-近邻包含超过最低数目（MinPts）个对象，就把这个对象叫作核对象。

（3）给定一组对象集 D，若 q 为核对象，一个对象 p 为 q 的 ε-近邻，那么就说 p 是从 q 可以"直接密度可达"。

（4）对于一个 ε 来说，一个对象 p 是从对象 q 可"密度可达"；一组对象集 D 有 MinPts 个对象；如果有一组对象 P_1，P_2，…，P_n，其中 $P_1=q$，$P_n=P$，则使得（对于 ε 和 MinPts 来讲）P_i+1 是从 P_i 可"直接密度可达"，其中有 $P_i \in D$，$1 \leqslant i \leqslant n$。

（5）对于 ε 和 MinPts 来讲，若存在一个对象 o（$o \in D$），使得从 o 可"密度可达"对象 p 与对象 q，对象 p 为"密度连接"对象 q。

密度可达为密度连接的一个传递闭包，这种关系是不对称的，仅有核对象是相互"密度可达"，而密度连接是对称的。

DBSCAN 检验数据库中每一个点的 ε-近邻。若一个对象 p 的 ε-近邻包含超过 MinPts 个，就要创建包含 p 的新聚类。接着 DBSCAN 再根据这些核对象，循环收集"直接密度可达"的对象，其中可能涉及合并若干"密度可达"聚类。当各聚类再无新点（对象）加入时聚类进程结束。

2. OPTICS

DBSCAN 在进行聚类时需要指定输入参数 ε 和 MinPts，但在实际操作时参数很难确定，而且一般算法对参数的设置敏感，参数的变化对聚类结果影响非常大。为了克服这个问题，人们提出了 OPTICS（Ordering Points to Identify the Clustering Structure）聚类顺序方法。这种方法不会直接生成一个聚类，而是为自动及交互的聚类分析计算得到一个簇次序。该次序表示基于密度的数据聚类结构，包括与基于许多参数设置所得到的基于密度聚类相当的信息。

OPTICS 算法给数据库中的对象建立一个对象顺序，同时保存每个对象核心距离与一个适当的可达距离，这些信息足够帮助通过任意小于产生聚类顺序 ε 的距离，产生全部的密度聚类。

4.4.5　基于网格的方法

基于网格聚类方法通过多维网格数据结构，它把空间分成数目有限的单元，以构成一个能够进行聚类分析的网格结构[1]。该方法最主要的特点就是它处理时间和数据对象数目不相关，但与每维空间所划分的单元数相关，因此基于网格聚类方法的处理时间很短。

1. STING

STING（Statistical Information Grid）是一个基于网格多分辨率的聚类方法，它把空间分成方形单元，不同层次的分辨率相对的是不同层次的方形单元。这些单元组成了一个层次结构，高层次单元被分解成一组层次相对低些的单元。涉及各网格单元属性的统计信息（如最小值、最大值、均值）皆可以事先运算和存储。

一个自上而下基于网格方法来处理查询的操作步骤是：首先依据查询内容对层次结构的开始层次进行明确，一般该层次所含的单元较少[2]；对于当前层次中的各个单元，计算其信任度差（或估计概率范围）来反映当前单元和查询要求的相关程度，消除不相关的单元以便仅考虑相关单元，一直重复这一过程直至到达最底层；此时如果满足查询要求，就返回满足要求的相关单元区域，否则取出相关区域单元中的数据，进一步处理它们直至查询要求得到满足。

2. CLIQUE

CLIQUE（CLustering In QUEst）聚类算法是将基于密度以及基于网格的聚类方法综合在一起，它在大型数据库中的高维数据的聚类中起着重要的作用。CLIQUE 的中心思想是：给出一个多维数据点的大集合，一般数据点在数据空间中是非均衡分布的。CLIQUE

---

① http：//www. docin. com/p-98743940. html

② http：//www. docin. com/p-548850492. html

可以将空间中稀疏的和拥挤的区域区别开来，从而发现数据集合的全局分布模式。若一个单元中的包含的数据点多于了某个输入的参数，那么这个单元是密集的。在 CLIQUE 中，簇就是相连的密集单元的最大集合。

此外，在实际操作中也常常会用到基于模型的聚类方法，主要是统计学方法以及神经网络方法这两种模型，该方法是基于"数据是根据潜在的概率分布生成的"这个假设，试图对给定的数据和某些数学模型之间的适应性进行优化。

4.4.6 基于模型的方法

基于模型的方法是假设每个聚类的模型同时发现与模型相应的模型数据，通常有统计学方法以及神经网络方法等。基于统计学的聚类方法主要分为 3 种：Cheeseman 与 Stutz 提出的 AutoClass、Fisher 提出的 COBWEB 以及 Gennari 等人提出的 CLASSIT。

1. 统计学方法

目前在产业界比较流行的一种聚类方法是 AutoClass，它通过贝叶斯统计分析来对结果簇的数目加以估算。这个系统采用搜索模型空间存在一切分类的可能性，来对分类类别的个数以及模型描述的复杂性进行自动确定。它允许在一些类别内属性之间可以存在一定的相关性，各个类之间存在一定的继承性，也就是在类层次结构中，一些类共同享一定的模型参数。

COBWEB 是一种流行、简单的增量概念聚类算法，它创建层次聚类的形式是一个分类树。分类树和判定树并不一样，通常分类树里面一个节点就对应一个概念，包括这个概念的概率描述，能将这个节点的对象信息加以概括。判定树标记的不是节点而是分支，而且运用逻辑描述符，而不是概率描述符。

CLASSIT 是在 COBWEB 的基础上加以扩展，主要对连续性数据的增量聚类进行处理。这种算法在各个节点中存储属性的连续正态分布（也就是均值及标准差），运用修正的分类效用度量，这种度量并非是在离散属性上求和，而是连续属性上的积分。然而 CLASSIT 存在和 COBWEB 相似的问题，同样不适合对大型数据库中的数据加以聚类。

2. 神经网络方法

神经网络方法是把一个簇描述成一个样本。而聚类的原型则是样本，无须非要与特定的数据实例及对象相对应。神经网络聚类方法通常包括由 Rumelhart 等人提出的竞争学习神经网络以及 Kohonen 提出的自组织特征映射（SOM）神经网络。采用神经网络聚类方法需要的处理时间较长，并且有较高的数据复杂性。需要研究能够提高网络学习速度的学习算法，并增强网络的可理解性，以便使人工神经网络处理方法适用于大型数据库。

4.4.7 双聚类方法

寻常的聚类是按照数据的全部信息对数据聚类，该方法称之为传统聚类。传统聚类仅仅可以用来寻找全局信息，无法找出局部信息，而海量的生物学信息却隐藏于局部信息当中。为帮助人们寻找这些信息，2000 年，Cheng 与 Church 提出了双聚类（Bicluster）概念，同时对双聚类进行定义。

双聚类分析方法就是在行和列两个方向上进行聚类分析，通常采用贪婪迭代搜索的方法来发现子矩阵或稳定的类，这些子矩阵中感兴趣的模式具有特定的生物学意义，在很大程度上克服了一些传统聚类分析方法带有的缺陷。为打破传统聚类的局限性以及更好地提高效率，许多算法在寻找双聚类时都采用了贪婪迭代搜索方法。

1. CC 算法

CC 算法采用逐渐删除能够使子矩阵的平均平方残差降低的行与列，获得一个初步的双聚类，然后逐步增加不会令子矩阵平均平方残差增多的行与列，从而获得一个较好的双聚类。为了找出更多双聚类，算法对已经找到的双聚类进行随机数覆盖，接着删除或添加过程继而获得特定个数的双聚类结果。算法可以较迅速地取得用户指定数目的双聚类。

设 X 是基因集，Y 是对应的表达条件集。a_{ij} 是基因表达数据矩阵 A 中的元素。设 I、J 分别是 X、Y 的子集，那么（I，J）对指定的子矩阵 A_{IJ} 具有下面的平均平方残基：

$$H(I,J) = \frac{1}{|I||J|} \sum_{i \in I, j \in J} (D_{ij} + D_{iJ} - D_{Ij} + D_{IJ})^2 \qquad (4-42)$$

其中，$a_{iJ} = \frac{1}{|J|} \sum_{j \in J} a_{ij}$ 和 $a_{Ij} = \frac{1}{|I|} \sum_{i \in I} a_{ij}$ 分别为行平均值、列平均值及子矩阵（I,J）的平均值。对于 $\delta \leqslant 0$，则称该子矩阵为一个 δ-bicluster。

为了高效地寻找 δ-bicluster，作者使用了一种增删节点的方法来寻找均方残差最小的子矩阵。首先使用多节点删除法，逐渐删除能够降低子矩阵的平均平方残差的行与列，获得一个初步的双聚类；然后使用单节点删除法，精细删除某一行和列，只要操作后矩阵的均方残差比原来的均方残差逐渐减小，直至无法下降；最后，只要操作后矩阵的均方残差比原来的均方残差逐渐减小，使用节点插入法，精细增加某一行和列，直至无法下降。由于 CC 算法是一种确定性算法，每次都是得到一个相同的双聚类，每一个节点皆与数据矩阵中的一行或者一列相对应。

CC 算法实现了对基因表达数据在基因和条件两个方向的同时聚类，减弱了相似度算法对聚类的影响，采用平均平方残基得分方案来评价结果矩阵的质量，提高了聚类的准确性。然而这样也有着很大的缺陷，随机数的替换会造成原始数据的更改，导致结果的不精确，也无法找出重叠的双聚类，同时还容易陷进局部最优的缺陷。Yang 等人根据 CC 算法加以改进，进而提出了 FLOC 算法。

2. FLOC 算法

FLOC 算法的打分原则类似于 CC 算法，不同的是 CC 算法考虑的是所有都是确定值，而 FLOC 算法则在缺失值上面有着独特的处理。该算法第一步是生成一定数量的种子，接着采用计算对某一行或列进行添加或删除，每一步都尽力让双聚类的中间结果增益的变化达到最大。尽管 FLOC 算法能够找出可重叠的双聚类，但是在很大程度上双聚类结果的好坏和运行时间都对初始聚类有着非常大的依赖，而这些初始聚类的产生一般都是随机的。双聚类的贪心策略效率比较高，然而聚类结果容易陷进局部最优。为弥补贪心策略会陷进局部最优的缺陷，某些算法先是运用贪心策略来寻找双聚类，接着再应用智能优化算法处理找到的双聚类从而得到比较好的结果。例如，Ste-Fan 等人就改良了 CC 算法，即在添加或删除过程当中好的行列其保留概率较大，反之则较小，迭代所获的结果即是种子，运用进化算法优化来得到较好的双聚类。

假设一个基因表达矩阵 $A=(a_{ij})_{max}$ 具有 n 个基因 m 个条件，X 是这个矩阵的基因全集，Y 是这个矩阵的条件全集。有一个双向聚类 (I, J)，其中 $I \subseteq X$，$J \subseteq Y$，那么对于在双向聚类里面的全部元素 a_{ij}，$j \subseteq I$，$j \subseteq J$，有以下规定：

$$a_{ij} = \frac{1}{|J_i'|} \sum_{j \in J_i'} a_{ij} \tag{4-43}$$

其中，J_i' 是第 i 行中的确定值（非缺失值）。

$$a_{ij} = \frac{1}{|I_i'|} \sum i \in I_i' a_{ij} \tag{4-44}$$

其中，I_i' 是第 j 行中的确定值（非缺失值）。

$$a_{ij} = \frac{1}{|V_{ij}|} \sum_{i \in I, j \in J} a_{ij} \tag{4-45}$$

其中，a_{ij} 表示双向聚类 (I, J) 中确定值的元素；$|V_{ij}|$ 是双向聚类 (I, J) 的容量，也就是双向聚类 (I, J) 中确定值的元素的个数。

为了寻找 k 个容量较大，剩余值较小的双聚类，作者首先运用统一概率参数 p 生成 k 个容量为 $(M \times p) \times (N \times p)$，且容量大于容量阈值的双聚类种子循环；然后，生成一个操作序列（①固定序列，②随机序列，③随机权重序列），顺序执行操作序列，依次选择最优操作，生成一个 $(m+n)$ 个双聚类组，判断是否进入下一个循环，还是结束退出；最后，更新初始双聚类组，用 $(m+n)$ 个双聚类组中平均子矩阵剩余值 r 最小的双聚类组代替初始双聚类组。假如产生操作序列，则需要采用交换概率跑 $p(i+j)$ 切修改操作序列里的次序。

FLOC 算法能够一次得到多个双向聚类，运用跳过的方法来处理缺失值，在某种程度上保障了数据矩阵的稳定性，双向聚类质量在多次迭代的作用下显得的更好。但是因为 FLOC 算法是多次迭代，并且碍于迭代条件的缘故，其运行速度较慢，迭代过程中寻优的两个目标分离，最终导致所寻找的目标无法明确。

表 4-3 所示为 FLOC 算法与 CC 算法的比较。

表 4 - 3　FLOC 算法与 CC 算法比较表

	CC 算法	FLOC 算法
双聚类类型	连贯值型	连贯值型
双聚类结构	任意位置重叠	任意位置重叠
双聚类结果	一次一个	一次多个
算法分类	贪婪迭代搜索	贪婪迭代搜索
算法目标	在阈值范围内的最大双聚类	剩余值尽可能小容量尽可能大
缺失值的处理	随机数替换	跳过不处理

CC 算法是最为经典的算法，很多算法都是把它当作航标。即便这样，CC 算法依然存在很多需要改进的地方，FLOC 算法采取了处理，打破了 CC 算法的一些局限。就整体来说，这两种算法依然存在非常多的相似性质，主要表现在双向聚类的结构、类型和算法分类上面。当然两者还是有区别的，这从双向聚类的结果、算法目标与对缺失值的处理局能够轻易发现。FLOC 算法也可以看作 CC 算法的改进算法，但是还存在其不足或是需要改进的地方。

4.5　数据挖掘的研究前沿和发展趋势

数据挖掘涉及多个学科领域，它融合了统计学、数据库、数据仓库、机器学习、人工智能、模式识别、可视化等技术的研究成果，数据挖掘应用的领域非常广泛。只要数据是有分析价值的，都可以应用数据挖掘工具挖掘出有用的信息。数据挖掘典型的应用领域包括金融、医疗、零售和电商、电信、交通等。另外，由于新的数据类型也随着技术进步不断增加，因此本节还指出了数据挖掘的发展趋势和所面临的挑战。

4.5.1　数据挖掘的应用

数据挖掘所要处理的问题，就是在庞大的数据中找出有价值的隐藏事件，并加以分析，获取有意义的信息和模式，为决策提供依据。数据挖掘应用的领域非常广泛，只要有分析价值与需求的数据，都可以利用挖掘工具进行发掘分析。目前，数据挖掘应用最集中的领域包括金融、医疗、零售和电商、电信和交通等，而且每个领域都有特定的应用问题和应用背景。

1. 金融领域

不管是银行还是其他金融机构，都存储了海量的金融数据，比如信贷、储蓄与投资等金融数据。对于这些数据，运用数据挖掘技术进行有针对性的处理，将会得到很多有价值的知识。金融数据具有可靠性、完整性和高质量等特点，这在很大程度上利于开展数据挖掘工作以及挖掘技术的应用。数据挖掘在金融领域中有许多具体的应用，例如，分析多维数据，以把握金融市场的变化趋势；运用孤立点分析等方法，研究洗黑钱等犯罪活动；应用分类技术，对顾客信用进行分类，为维持与客户的关系以及为客户提供相关服务等决策提供参考。

2. 医疗领域

在人类的遗传密码、遗传史、疾病史以及医疗方法等医疗领域中，都隐藏着海量的数据信息。另外，对医院内部结构、医药器具、病人档案以及其他资料等的管理也产生了巨量的数据。对于这些巨量的数据，运用数据挖掘相关技术进行处理，从而得到相关知识规律，将有利于相关人员工作的开展。运用数据挖掘技术，在很大程度上有助于医疗人员发现疾病的一些规律，从而提高诊断的准确率和治疗的有效性，不断促进人类健康医疗事业的发展。

3. 零售和电商领域

由于零售业会产生庞大的数据，主要是销售数据，比如商品的购进卖出记录、客户购买、消费记录等。特别是随着在 Web 以及电子商务等商业方式日益普及流行，相应地数据也以飞快的速度增长。运用数据挖掘技术对这些海量的数据进行针对性的处理分析，可以获取很多极具价值的知识。例如，可以有效地识别顾客的购买行为，从而把握好顾客购买的趋势。这些关于顾客的有效信息是商家采取最佳决策的关键依据。商家可以根据数据挖掘结果有针对性地采取有效措施，比如，如何改进服务质量，确保顾客的满意度；如何提高商品的销售量；如何设计较优的运输路线以及采取怎样的销售策略等，从而提高企业效益。此外，由于数据挖掘的推荐系统已经成为电子商务的关键技术，通过数据挖掘再对网站进行系统分析，对用户的行为模式加以识别，在增加客户黏性、提供个性化服务、优化网站设计等方面也取得了很好的效果。

4. 电信领域

电信运营商已逐渐发展为一个融合了语音、图像、视频等增值服务的全方位立体化的综合电信服务商。三网融合，即电信网、因特网和有线电视网的"融合"，是未来的一种发展趋势，这一现象将会产生巨量的数据。运营商要合理地分析商业形式和模式，运用数据挖掘是非常有必要的。例如，对用户行为、利润率、通信速率和容量、系统负载等电信数据，可以运用多维分析方法进行分析；要发现异常模式，可以运用聚类或孤立点分析等方法进行数据挖掘；要得到电信发展的影响因素，可以运用关联或序列等模式进行分析等。总之，数据挖掘技术对电信业的发展发挥着非常重要的作用，比如，如何提高相关资源的利用率、更深入更充分地了解用户行为、如何获取更多的经济效益等。

5. 交通领域

交通问题对城市的民生有很大影响，该领域积累了大量的数据，如出租公司积累的乘客出行数据和公交公司的运营数据。通过对乘客数据和运营数据进行分析与挖掘，能够为公交、出租公司科学的运营和交通部门的决策提供依据，比如，合理规划公交线路，实时为出租车的行驶线路提供建议等。这样，不但可以提升城市运力和幸福指数，还能有效减少因交通拥堵问题造成的成本浪费。另外，航空公司也可依据历史记录来寻找乘客的旅行模式，以便提供更加个性化的服务，合理设置航线等。

近年来，数据挖掘的应用发展迅速，不仅在以上领域，在政府部门、军事、制造业、科学研究等方面也都取得了一定的进展。

4.5.2 数据挖掘中的隐私问题

隐私权是指个体的私人信息不被他人非法收集、公开和利用的权利。隐私保护就是保护个体的隐私权不被侵害，保护个体隐私在未经授权的时候不被泄露和恶意利用。基于隐私的数据挖掘存在两个层面的问题：

（1）原始信息隐私保护。企业、医院、政府部门通常收集了大量的个人原始信息，泄露这些信息可能识别出个人用户的身份。为了防止个人隐私的泄露，这些原始数据均需要在进行数据挖掘之前进行修改和隐藏。这个层面主要解决的问题是如何在原始数据不准确的前提下得到正确的挖掘结果。

（2）敏感规则隐私保护。企业、医院、政府部门不仅存储着大量的个人原始信息，通过对这些原始信息的挖掘，还可以得知某一群体的特征和行为规律。为了防止这些敏感规则被挖掘出来，通常事先改变原始数据的统计特征，使这些敏感规则的生成概率大大降低。

我们既不能否认通过数据挖掘产生的巨大利益，也不能因为存在有隐私保护的问题就废弃数据挖掘，而是应当正视存在的隐私保护的现状和方法。目前隐私保护技术正得到越来越多的关注，在保护隐私信息方面还需要更多的探索。更好的一个愿景是，将计算机科学、管理科学、社交网络技术、政策法规等多个方面有效地结合在一起，共同来完成从数据中安全和无泄漏地发现有效的知识。

4.5.3 数据挖掘的发展趋势

数据挖掘已慢慢地从高端的研究转向日常的应用，在金融业、零售业等一些对数据分析需求比较大的领域已经成功地采用了数据挖掘技术来辅助决策。尽管如此，由于技术的进步和社会的发展，数据挖掘技术仍然面临着许多新的问题和挑战。

1. 数据挖掘与物联网、云计算和大数据

简单来说，物联网就是物物相连的网络，是数字世界与物理世界的高度融合。物联网底层的大量传感器为信息的获取提供了一种新的方式，这些传感器不断地产生着新的数据，随着各种各样的异构终端设备的接入，物联网采集的数据量也就会越来越大，其数据类型和数据格式也会越来越复杂。这些数据与时间和空间相关联，有着动态、异构和分布的特性，也为数据挖掘任务带来了新的挑战。

云计算是一种基于互联网的相关服务的增加、使用和交付模式，通常涉及通过互联网来提供动态、易扩展且经常是虚拟化的资源（包括硬件、平台和软件），实现了设备之间的数据应用和共享。随着物联网的发展，感知信息不断增加，需要不断地增加服务器的数目来满足需求，但由于服务器的承载能力是有限的，使得服务器在节点上出现混乱和错误的概率大大增加。为了更好地提供服务，基于云计算的系统能有效地解决物联网分布式数据挖掘中所遇到的问题，在进行相关数据挖掘时能够显著地提高性能。

目前，大数据已成为继物联网、云计算之后又一信息科技的新热点。大数据在本质上仍然是海量数据，但规模更大，实时性和多样性特点更明显，相应地，数据挖掘技术也需要有所改进，研究如何处理半结构化甚至非结构化的数据是目前大数据挖掘面临的挑战之一。

将物联网、云计算、大数据与数据挖掘研究联系起来．不仅具有深远的科学研究价值，而且将产生巨大的经济效益和社会价值。

2. 数据挖掘研究和应用面临的挑战

大数据时代的数据挖掘面临着新的挑战，主要表现在以下几个方面：

（1）数据类型的多样性。不同的应用、系统和终端，由于标准的差异性，会产生不同结构的数据，其中包括结构化数据、半结构化数据和非结构化数据，对这些异构化数据的抽取与集成将成为一大挑战。

（2）数据挖掘算法的改进。大数据时代数据的量级达到了一个新的阶段，而且还有其他新的特征，现有挖掘算法需要基于云计算进行改进，以适应不同应用对数据处理能力的需求。

（3）数据噪声太大。由于普适终端的所处地理位置的复杂性，使得产生的数据具有很多噪声。在进行数据清洗时，不易把握清洗粒度。粒度太大，残留的噪声会干扰有价值的信息；粒度太小，可能会遗失有价值的信息。

（4）数据的安全性与隐私保护。互联网的交互性，使得人们在不同地点产生的数据足迹得到积累和关联，从而增加了隐私暴露的概率，且这种隐性的数据暴露往往是无法控制和预知的。随着数据挖掘工具和电子产品的日益普及，保护隐私和信息安全是数据挖掘将要面对的一个重要问题。这就需要进一步地开发，以便在适当的信息访问和挖掘过程中保护隐私与信息安全。

3. 数据挖掘的发展方向

（1）应用的探索。数据挖掘正在探索、扩大其应用范围，通用数据挖掘技术在处理特定应用时存在着局限性。因此，目前有一种针对特定应用来开发数据挖掘系统的趋势。

（2）可视化数据挖掘。可视化能更直观地展示数据的特性，图像展示更符合人的观察习惯。可视化数据挖掘已成为从大量数据中发现知识的有效途径，系统研究和开发可视化数据挖掘技术将推进数据挖掘作为数据分析的基本工具。

（3）数据挖掘与数据库/数据仓库系统和其他应用系统的集成。数据库/数据仓库系统等已经成为信息处理系统的主流，而且与数据库和数据仓库系统的紧耦合方式正是数据挖掘系统的理想体系结构。将不同的系统集成到统一的框架中，有利于保证数据的可获得性和一致性，以及数据挖掘系统的可移植性、可伸缩性和高性能。

（4）数据挖掘的应用在很多领域取得了一定的成果，而且其广阔的应用前景已吸引了众多的研究人员和商业公司的加入。但是数据挖掘所带来的有关隐私和信息安全的问题需要着重考虑。数据挖掘技术发展的时间很短，属新兴科学，在技术和社会不断发展的今天，还面临着很多挑战和值得重点研究的方向，相信数据挖掘技术的研究与应用将会得到长足的进步，必将产生巨大的社会效益和经济效益。

思考与练习

1. 简述数据库知识的发现过程。

2. 数据挖掘任务有哪几种类型？各种类型的含义是什么？

3. 给出一个未在本章讨论的有关关联分析的案例。

4. 简述分类的基本思想和解决分类问题的一般过程，并举例说明如何利用分类方法预测用户购买计算机的模型。

5. 简述聚类分析的原理和过程；说明 k-Means 算法的基本思想和聚类过程。

6. 简述归纳数据挖掘面临的挑战和发展趋势。

第 5 章

NoSQL

NoSQL，泛指非关系型数据库。相对于传统关系型数据库，NoSQL 有着更复杂的分类：Key-Value 数据库、文档数据库、Column-oriented 数据库以及图存数据库等。这些类型的数据库能够更好地适应复杂类型的海量数据的存储。本章介绍 NoSQL 的相关概念、应用现状以及数据一致性理论等内容，并对 NoSQL 的类型和工具等内容做详细的介绍。

5.1　NoSQL 简介

本节对 NoSQL 的概念、发展以及应用现状等内容进行详细的介绍，并结合传统的关系型数据库，分析 NoSQL 数据库的特点。

5.1.1　NoSQL 的概念

1998 年，Carlo Strozzi 提出 NoSQL 一词，用来指代他所开发的一个没有提供 SQL 功能的轻量级关系型数据库。顾名思义，此时的 NoSQL 可以被认为是 "No SQL" 的合成。

2009 年初，Johan Oskarsson 发起了一场关于开源分布式数据库的讨论，Eric Evans 在这次讨论中再次提出了 NoSQL 的概念。此时，NoSQL 主要指代那些非关系型的、分布式的且可不遵循 ACID 原则的数据存储系统。这里的 ACID 是指 Atomic（原子性）、

Consistency（一致性）、Isolation（隔离性）和 Durability（持久性）。

同年，在亚特兰大举行的"no：sql（east）"讨论会上，无疑又推进了 NoSQL 的发展。此时，它的含义已经不仅仅是"No SQL"这么简单，而演变成了"Not Only SQL"，即"不仅仅是 SQL"。因此，NoSQL 具有了新的意义：NoSQL 数据库既可以是关系型数据库，也可以是非关系型数据库，它可以根据需要选择更加适用的数据存储类型。

NoSQL 的整体框架如图 5-1 所示。

图 5-1　NoSQL 的整体框架

典型的 NoSQL 数据库主要分为 Key-Value 数据库、Column-oriented 数据库、图存数据库和文档数据库，如图 5-2 所示。

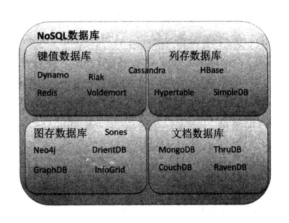

1. Key-Value 数据库

Key-Value 存储是最常见的 NoSQL 数据库存储形式。Key-Value 数据库存储的优势是处理速度非常快；缺点是只能通过键的完全一致查询来获取数据。根据数据的保存方式，可分为临时性、永久性和两者兼具 3 类。

图 5-2　典型的 NoSQL 分类

临时性键值存储是在内存中保存数据，可以进行非常快速的保存和读取处理，数据有可能丢失，比如 memcached。永久性键值存储是在硬盘上保存数据，可以进行非常快速的保存和读取处理，虽然无法与 memcached 相比，但数据不会丢失，如 Tokyo Tyrant、ROMA 等。两者兼具的键值存储可以同时在内存和硬盘上保存数据，进行非常快的保存和读取处理，并且保存在硬盘上的数据不会消失，即使消失也可以恢复，适合于处理数组

类型的数据，比如 Redis。

2. Column-oriented 数据库

普通的关系型数据库都是以行为单位来存储数据的，擅长进行以行为单位的读入处理。而 NoSQL 的列数据库是以列为单位来存储数据的，因此擅长以列为单位来读取数据。行数据库可以对少量行进行读取和更新，而列数据库可以对大量行少量列进行读取，同时对所有行的特定列进行更新。Column-oriented 数据库具有高扩展性，即使增加数据也不会降低相应的处理速度。其主要产品有 Bigtable、Apache Cassandra 等。

3. 图存数据库

图存数据库主要是指将数据以图的方式存储。实体被作为顶点，实体之间的关系则被作为边。比如，有 3 个实体：Steve Jobs、Apple 和 Next，会有两个"Founded by"的边将 Apple 和 Next 连接到 Steve Jobs。图存数据库主要适用于关系较强的数据，但适用范围很小，因为很少有操作涉及整个图。其主要产品有 Neo4j、GraphDB、OrientDB 等。

4. 文档数据库

文档数据库是一种用来管理文档的数据库，它与传统数据库的本质区别在于，其信息处理基本单位是文档，可长、可短甚至可以无结构。在传统数据库中，信息是可以被分割的离散数据段。文档数据库与文件系统的主要区别在于文档数据库可以共享相同的数据，而文件系统不能，同时，文件系统比文档数据库的数据冗余复杂，会占用更多的存储空间，更难于管理维护。文档数据库与关系数据库的主要区别在于，文档数据库允许建立不同类型的非结构化或者任意格式的字段，并且不提供完整性支持。但是它与关系型数据库并不是相互排斥的，它们之间可以相互补充、扩展。文档数据库的两个典型代表是 CouchDB 和 MongoDB。

5.1.2　关系型数据库

1969 年，Edgar Frank Codd 发表一篇跨时代的论文，首次提出了关系数据模型的概念。但由于论文 *IBM Research Report* 只是刊登在 IBM 公司的内部刊物上，所以反响平平。1970 年，他再次发表了题为 *A Relational Model of Data for Large Shared Data banks* 的论文并刊登在 *Communication of the ACM* 上，才引起了人们的关注。

现今关系型数据库的基础就是采用由 Codd 提出的关系数据模型。由于当时的硬件性能低劣、处理速度过慢，关系型数据库迟迟没有得到实际应用。随着硬件性能的提升，加之具有使用简单、性能优越等优点，关系型数据库才得到了广泛应用。

关系型数据库是建立在关系模型基础上的数据库，借助于集合代数等数学概念和方法来处理数据库中的数据。即把所有的数据都通过行和列的二元表现形式表示出来，给人更容易理解的直观感受。现实世界中的各种实体以及实体之间的各种联系均可表示为关系模型。

经过数十年的发展，关系型数据库已经变得比较成熟，目前市场上主流的数据库都为关系型数据库，比较知名的有 Sybase、Oracle、Informix、SQL Server 和 DB2 等。

5.1.3　NoSQL 数据库与关系型数据库的比较

NoSQL 数据库和传统的关系型数据库都具备各自的特点，本节从优势与缺陷、应用现状等方面分析了两种类型数据库的特点。

1. 关系型数据库的优势

关系型数据库相比于其他模型的数据库，有以下几点优势：

(1) 容易理解。相对于网状、层次等其他模型来说，关系模型中的二维表结构非常贴近逻辑世界，更容易理解。

(2) 便于维护。由于丰富的完整性，使数据冗余和数据不一致的概率大大降低。

(3) 使用方便。操作关系型数据库时，只需使用 SQL 语言在逻辑层面进行操作即可。

2. 关系型数据库存在的问题

传统的关系型数据库具有高稳定型、操作简单、功能强大、性能良好的特点，同时也积累了大量成功的应用案例。20 世纪 90 年代的互联网领域，一个网站的访问量用单个数据库就已经足够，而且当时静态网页占绝大多数，动态交互类型的网站相对较少。

随着互联网中 Web 2.0 网站的快速发展，微博、论坛、微信等逐渐成为引领 Web 领域的潮流主角。在应对这些超大规模和高并发的纯动态网站时，传统的关系型数据库就遇到了很多难以克服的问题。同时，根据用户个性化信息，高并发的纯动态网站一般可以实时生成动态页面并提供动态信息。鉴于这种数据库高并发读写的特点，它基本上无法使用动态页面的静态化技术，因此数据库并发负载往往会非常高，一般会达到每秒上万次的读写请求。然而关系数据库只能应付上万次 SQL 查询，面对上万次的 SQL 写数据请求，硬盘的输入/输出端就显得无能为力了。

此外，在以下两方面关系型数据库也存在问题。①海量数据的高效率存储及访问：对于关系型数据库来说，Web 2.0 网站的用户每天都会产生海量的动态信息，因此在对一张数以亿计的记录表进行 SQL 查询，效率是极其低下的。②数据库的高可用性和高可扩展性：由于 Web 架构的限制，数据库无法再添加硬件和服务节点来扩展性能与负载能力，尤其对需要提供 24 小时不间断服务的网站来说，数据库系统的升级和扩展只能通过停机来实现，这样的决定将会带来巨大的损失。

3. NoSQL 数据库的优势

虽然 NoSQL 只应用在一些特定的领域上，但它足以弥补关系型数据库的缺陷。NoSQL 的优势主要有以下 4 点：

(1) NoSQL 比关系型数据库更容易扩散。虽然 NoSQL 数据库种类繁多，但由于它们能够去掉关系型数据库的关系特性，从而使得数据之间无关系，这样就非常容易扩展，进而为架构层面带来了可扩展性。

（2）NoSQL 比一般数据库具有更大的数据量，而且性能更高。这主要得益于它的无关系性，数据库的结构简单。比如在针对 Web 2.0 的交互频繁地应用时，由于 MySQL 的 Cache 是大粒度的，性能不高，故 MySQL 使用 Query Cache 时，每次表更新 Cache 就失效；然而 NoSQL 里的 Cache 是记录级的，是一种细粒度的 Cache，所以就这个层面来说，NoSQL 的性能就高很多了。

（3）NoSQL 具有灵活的数据模型。NoSQL 不需要事先为要存储的数据建立字段，它可以随时存储自定义的数据格式。而在关系型数据库里，增删字段却是一件非常麻烦的事情。这一点在 Web 2.0 大数据时代更为明显。

（4）NoSQL 的高可用性。在不太影响其他性能的情况下，NoSQL 也可以轻松地实现高可用的架构。如 Cassandra 模型和 HBase 模型，就可以通过复制模型来实现高可用性。

4. NoSQL 数据库的实际应用缺陷

（1）缺乏强有力的商业支持。目前 NoSQL 数据库绝大多数是开源项目，没有权威的数据库厂商提供完整的服务，在使用 NoSQL 产品时，如果出现故障，就只能依靠自己解决，因此在这方面需要承担较大的风险。

（2）成熟度不高。NoSQL 数据库在现实当中的实际应用较少，NoSQL 的产品在企业中也并未得到广泛的应用。

（3）NoSQL 数据库难以体现实际情况。由于 NoSQL 数据库不存在与关系型数据库中的关系模型一样的模型，因此对数据库的设计难以体现业务的实际情况，这也就增加了数据库设计与维护的难度。

5. NoSQL 数据库应用现状

NoSQL 数据库存在了十多年，有很多成功案例，受欢迎程度近期更是在不断增加，其中原因主要有以下两个：

（1）随着社会化网络和云计算的发展，以前只在高端组织才会遇到的一些问题，现在已经普遍存在了。

（2）现有的方法随着需求一起扩展，并且很多组织不得不考虑成本的增加，这就要求它们去寻找性价比更高的方案。

6. 关系型数据库与 NoSQL 数据库结合

分布式存储系统更适合用 NoSQL 数据库，现有的 Web 2.0 网站会遇到的问题也会迎刃而解。但是 NoSQL 数据库在实际应用上的缺陷又让用户难以放心。这使很多开发人员考虑将关系型数据库与 NoSQL 数据库相结合，在强一致性和高可用性场景下，采用 ACID 模型；而在高可用性和扩展性场景下，采用 BASE 模型。虽然 NoSQL 数据库可以对关系型数据库在性能和扩展性上进行弥补，但目前 NoSQL 数据库还难以取代关系型数据库，所以才需要把关系型数据库和 NoSQL 数据库结合起来使用，各取所长。

图 5‐3 为数据库的系统分类，从中可更好地了解它们之间的关系。

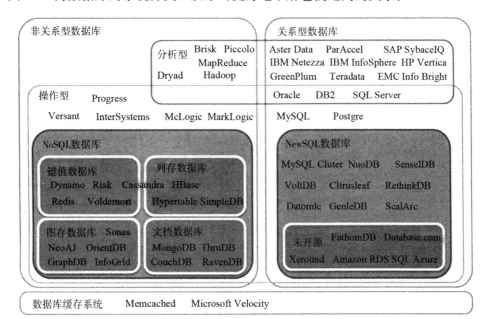

图 5‐3　数据库的系统分类

5.2　NoSQL 的三大基石

从 NoSQL 的优势来看，NoSQL 的优势主要得益于它在海量数据管理方面的高性能。而海量数据管理所涉及的存储放置策略、一致性策略、计算方法、索引技术等都是建立在数据一致性理论的基础之上的。数据一致性理论又包括 CAP 理论、BASE 模型和最终一致性，是 NoSQL 的三大基石。本节将对数据一致性理论进行详细的介绍。

5.2.1　CAP

2000 年，Eric Brewer 在 ACM PODC 会议中提出了 CAP 理论，该理论又被称为 BrewerL 理论。"C" "A" "P" 分别代表一致性（Consistency）、可用性（Avaliability）及分隔容忍性（Partition Tolerance），如图 5‐4 所示。

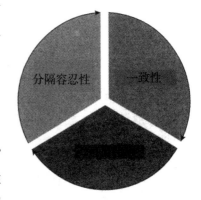

图 5‐4　CAP 理论

1. 一致性

在分布式计算系统中，在执行过某项操作之后，所有节点仍具有相同的数据，这样的系统被认为具有一致性。

2. 可用性

在每一个操作之后，无论操作成功或者失败都会在一定时间内返回相应结果。下面将对一定时间内和返回结果进行详细解释。

一定时间内是指系统操作之后的结果应该在给定的时间内反馈。如果超时则被认为不可用，或者操作失败。比如，进入系统时进行账号登录，在输入相应的登录密码之后，如果等待时间过长，如3分钟，系统还没有反馈登录结果，登录者将会一直处于等待状态，无法进行其他操作。

返回结果也是很重要的因素。假如在登录系统之后，结果是出现"java.lang.error……"之类的错误信息，这对于登录者来说相当于没有返回结果。他无法判断自己登录的状态是成功还是失败，或者需要重新操作。

3. 分隔容忍性

分隔容忍性可以理解为在网络由于某种原因被分隔成若干个孤立的区域，且区域之间互不相同时，仍然可以接受请求。当然，也有一些人将其理解为系统中任意信息的丢失或失败都不会影响系统的继续运作。

CAP理论指出，在分布式环境下设计和部署系统时，只能满足上面3个特性中的两项，不能满足全部3项。所以，设计者必须在3个特性之间做出选择。

然而，分布式系统为什么不能同时满足CAP理论的3个特性呢？

在正常情况下，系统的操作步骤如下：

（1）A 将 V_0 更新为数据值 V_1。

（2）G_1 将消息 m 发送给 G_2，G_1 中的数据 V_0 更新为 V_1。

（3）B 读取到 G_2 中的数据 V_1。

上述步骤可用图5-5表示。

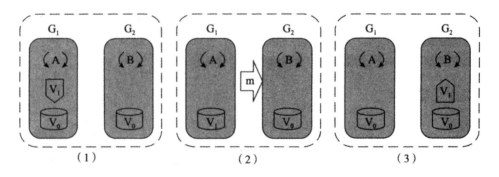

图5-5　正常情况

假设 G_1 和 G_2 分别代表网络中的两个节点，V_0 是两个节点上存储的同一数据的不同副本，A 和 B 分别是 G_1 和 G_2 上与数据交互的应用程序。

如果步骤（2）发生错误，即 G_1 的消息不能发送给 G_2，此时 B 读取到的就不是更新的数据 V_1，这样就无法满足一致性 C。如果采用一些技术，如阻塞、加锁、集中控制等来保证数据的一致性，那么必然会影响到可用性 A 和分隔容忍性 P。即使对步骤（2）加上一个同步消息，尽管能够保证 B 读取到数据 V_1，但这个同步操作必定消耗一定的时间，尤其在节点规模成百上千的时候，不一定能保证可用性。也就是说，在同步的情况下，只能满足 "C" 和 "P"，而不能保证 "A" 一定满足。

在如图 5-6 的例子中如果有一个事务组 a，不妨假设为一组围绕着阻塞数据项 V 的工作单元，a1 为写操作，a2 为读操作。在一个 local 的系统中，可以利用数据库中的简单锁机制隔离 a2 中的读操作，直到 a1 的写成功完成。然而，在分布式的模型中，需要考虑到 G_1 和 G_2 节点，以及中间消息的同步可以完成。除非能够可以控制 a2 何时发生，否则永远无法保证 a2 可以读到 a1 写入的数据。所有加入阻塞、隔离、中央化的管理等控制方法，使影响分隔容忍性和 a1（A）和 a2（B）的可用性无法并存。

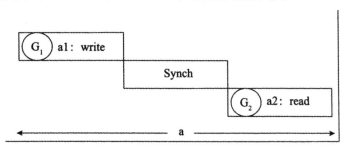

图 5-6　P 与 A 的选择

CAP 中 3 种特性的不同选择见表 5-1。

如果放弃 P，即使将所有与事务有关的数据放到一台机器上，避免分隔带来的负面影响，也会严重影响系统的扩展性。

如果放弃 A，一旦遇到分隔容忍故障，受影响的服务需要等待数据一致，并且在这个等待的时间段内，系统是无法对外提供服务的。

如果放弃 C，这里放弃的一致性指的是放弃数据的强一致性，保留最终一致性。

表 5-1　CAP 问题的不同选择

序号	选择	特点	例子
1	C、A	两阶段提交、缓存验证协议	传统数据库、集群数据库、LDAP、CFS 文件系统
2	C、P	悲观加锁	分布式数据库、分布式加锁
3	A、P	冲突处理、乐观	DNS、Coda

现在看来，如果理解 CAP 理论只是指多个数据副本之间读写一致性的问题，那么，它对关系数据库与 NoSQL 数据库来讲是完全一样的，它只是运行在分布式环境中的数据管理设施在设计读写一致性问题时需要遵循的一个原则而已，却并不是 NoSQL 数据库具有优秀的水平可扩展性的真正原因。如果将 CAP 理论中的一致性 C 理解为读写一致性、事务与关联操作的综合，则可以认为关系数据库选择了 C 与 A，而 NoSQL 数据库则全都是选择了 A 与 P，但并没有选择 C 与 P 的情况存在。也就是说，传统关系型数据管理系统注重数据的强一致性，但是对于海量数据的分布式存储和处理，它的性能不能满足人们的需求，因此现在许多 NoSQL 数据库牺牲了强一致性来提高性能。CAP 理论对于非关系型数据库的设计有很大的影响，这才是用 CAP 理论来支持 NoSQL 数据库设计的正确认识。这种认识正好与被广泛认同的 NoSQL 的另一个理论基础相吻合，即 BASE。在 5.2.2 节中将会详细讲解 BASE。

此时 CAP 的真正含义如图 5-7 所示。

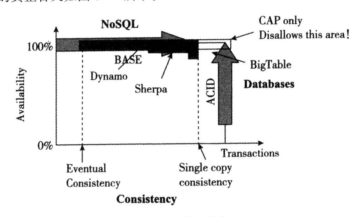

图 5-7　CAP 的真正含义

总之，CAP 是为了探索适合不同应用的一致性 C 与可用性 A 之间的平衡。在没有发生分隔时，可以满足完整的 C 与 A，以及完整的 ACID 事务支持。也可以通过牺牲一定的一致性 C，来获得更好的性能与扩展性。在有分隔发生时，选择可用性 A，集中关注分隔的恢复。需要分隔前、中、后期的处理策略及合适的补偿处理机制。

5.2.2　BASE

BASE 的含义是指 NoSQL 数据库设计可以通过牺牲一定的数据一致性与容忍性来换取高性能的保持甚至是提高，即 NoSQL 数据库都应该是牺牲 C 来换取 P，而不是牺牲 A，可用性 A 正好是所有 NoSQL 数据库都普遍追求的特性。BASE 是缩写，说明如下：

（1）基本可用（Basically Available）：系统能够基本运行、一直提供服务。

（2）软状态（Soft-state）：系统不要求一直保持强一致状态。

（3）最终一致性（Eventual Consistency）：系统需要在某一时刻后达到一致性要求。

因此，BASE 可以定义为 CAP 中 AP 的衍生。在单机环境下，ACID 是数据的属性，而在分布式环境中，BASE 就是数据的属性。BASE 的思想主要强调基本的可用性，即如果需要高可用性，也就是纯粹的高性能，那么就要以一致性或容忍性为牺牲。BASE 的思想在性能方面还是有潜力可挖的。同时，BASE 思想的主要实现有按功能划分数据库和 sharding 碎片。

而且 BASE 的中文解释为碱，ACID 的中文解释为酸，所以 BASE 与 ACID 是完全对立的两个模型。

ACID 所代表的含义如下：

（1）原子性（Atomicity）：事务中所有操作全部完成或者全部不完成。

（2）一致性（Consistency）：事务开始或者结束时，数据库应该处于一致状态。

（3）隔离性（Isolation）：假定只有事务自己在操作数据库，且彼此之间并不知晓。

（4）持续性（Durability）：一旦事务完成，就不能返回。

随着大数据时代的到来，系统数据（如社会计算数据、网络服务数据等）不断增长。对于数据不断增长的系统，它们对可用性及分隔容忍性的要求高于强一致性，并且很难满足事务所要求的 ACID 特性。而保证 ACID 特性是传统关系型数据库中事务管理的重要任务，也是恢复和并发控制的基本单位。

ACID 与 BASE 的区别见表 5 - 2。

表 5 - 2　ACID 与 BASE 的区别

ACID	BASE
强一致性	弱一致性
隔离性	可用性优先
采用悲观、保守方法	采用乐观方法
难以变化	适应变化、更简单、更快

5.2.3　最终一致性

在引入最终一致性之前先来介绍强一致性和弱一致性。

（1）强一致性。无论更新操作是在哪个数据副本上执行的，之后的所有的读操作都会获得最新数据。

（2）弱一致性。用户读到某一操作对系统特定数据的更新需要一段时间，这段时间被称为"不一致性窗口"。

（3）最终一致性。最终一致性是弱一致性的一种特例。在这种一致性系统下，保证用户最终能够读到某操作对系统特定数据的更新。

BASE 是通过牺牲一定的数据一致性与容忍性来换取高性能的保持甚至提高。这里所说的牺牲一定的数据一致性并不是完全不管数据的一致性，否则数据将出现混乱，那么即使系统可用性再高、分布式再好也会没有任何利用价值。牺牲一致性，是指放弃关系型数据库中要求的强一致性，只要系统能够达到最终一致性即可。

一致性可以从两个不同的视角来看，即客户端和服务端。从客户端角度来看，一致性指的是多并发访问时更新过的数据如何获取的问题。从服务端角度来看，一致性指的是更新如何复制分布到整个系统，以保证数据最终一致。一致性是因为有并发读写才出现的问题，因此在理解一致性的问题时，一定要结合考虑并发读写的场景。从客户端角度来看，多进程并发进行访问时，更新过的数据在不同进程如何获取不同策略，决定了不同的一致性。对于关系型数据库而言，要求更新过的数据都能被后续的访问看到，这是强一致性。如果能容忍后续的部分或者全部都访问不到，则就表现为弱一致性。如果要求一段时间后够能访问到更新后的数据，则为最终一致性。

根据更新数据后各进程访问到数据的方式和所花时间的不同，最终一致性模型又可以划分为以下 5 种模型：

（1）因果一致性。假设存在 A、B、C 3 个相互独立的进程，并对数据进行操作。如果进程 A 在更新数据将操作后通知进程 B，那么进程 B 将读取 A 更新的数据，并一次写入，以保证最终结果的一致性。在遵守最终一致性规则条件下，系统不保证与进程 A 无因果关系的进程 C 一定能够读取该更新操作。

（2）"读己之所写"一致性。当某用户更新数据后，他自己总能够读取到更新后的数据，而且绝不会看到之前的数据。但是若其他用户读取数据，则不能保证能够读取到最新的数据。

（3）会话一致性。这是"读己之所写"一致性模型的实用版本，它把读取存储系统的进程限制在一个会话范围之内。只要会话存在，系统就保证"读己之所写"一致性。也就是说，提交更新操作的用户在同一会话里读取数据时能够保证数据是最新的。

（4）单调读一致性。如果用户已经读取某数值，那么任何后续操作都不会再返回到该数据之前的值。

（5）单调写一致性。系统保证来自同一个进程的更新操作按时间顺序执行，这也叫作时间轴一致性。

以上 5 种最终一致性模型可以进行组合，例如"读己之所写"一致性与单调读一致性就可以组合实现，即读取自己更新的数据并且一旦读取到最新数据将不会再读取之前的数据。从实践的角度来看，这两者的组合，对于此架构上的程序开发来说，会减少额外的烦恼。

至于系统选择哪一种一致性模型，或者是哪种一致性模型的组合取决于应用对一致性的需求，而所选取的一致性模型会影响到系统处理用户请求及对副本维护技术的选择。

考虑系统一致性的需求，分布式存储在不同节点的数据将采用不同的数据一致性技术。例如，在关系型管理系统中一般会采用悲观方法（如加锁），而在一些强调性能的系统中则会采用乐观方法。

从服务端角度来看，如何尽快将更新后的数据分布到整个系统，降低达到最终一致性的时间窗口，是提高系统的可用度和用户体验非常重要的方面。这里主要讲解以下两种保证最终一致性的技术：类似于 Quorum 系统的一致性协议实现方法——Quorum 系统的 NRW 策略；两阶段提交协议。

1. Quorum 系统的 NRW 策略

对于分布式数据系统，Quorurn 系统的一致性协议有 3 个关键值。

N：数据副本数。

W：写入数据时保证写完成所需的最小节点数。

R：读取数据时保证读完成所需的最小节点数。

如果 $W+R>N$，即写的节点和读的节点存在重叠，则是强一致性。也就是说，在该策略中，只需要保证 $W+R>N$，就可以保证强一致性。当 $W+R>N$ 时，会产生与 Quorum 类似的效果。该模型中的读（写）延迟由最慢的 R（W）副本决定。有时为了获得较高的性能和较小的延迟，R 与 W 之和可能小于 N，这时系统不能保证读操作能获取最新的数据。

例如，当 $N=3$，$W=2$，$R=2$ 时，表示系统中数据副本数为 3，在进行写操作时，需要等待至少两个副本完成了该写操作，系统才会返回执行成功的状态，对于读操作，系统有同样的特性。对于典型的一主一备同步复制的关系型数据库，当 $N=2$，$W=2$，$R=1$ 时，则无论读的是主库还是备库的数据，都是强一致的。

对于典型的一主一备同步复制的关系型数据库，当 $N=2$，$W=1$，$R=1$ 时，如果读的是备库，就可能无法读取主库已经更新过的数据，所以是弱一致性。

对于分布式系统，为了保证高可用性，一般设置 $N \geqslant 3$。当 R 和 W 的值较小时，会影响一致性；当 R 和 W 的值较大时，会影响性能。因此，不同的 N、W、R 组合，是在可用性和一致性之间取一个平衡，以适应不同的应用场景。

以下是几种特殊场景：

当 $N=W$，$R=1$ 时，系统对写操作的要求较高。任何一个写节点失效，都会导致写失败，同时可用性降低。但是由于数据分布的 N 个节点是同步写入的，因此可以保证强一致性。

当 $N=R$，$W=1$ 时，系统对读操作较高。但只需要一个节点写入成功即可，写性能和可用性都比较高。若 N 个节点中有节点发生故障，那么读操作将不能完成。在这种情况下，如果 $W<(N+1) \div 2$，并且写入的节点不重叠，则会存在写冲突。

当 $R=(N+1) \div 2$，$W=(N+1) \div 2$ 时，系统兼顾了性能和可用性，在读与写之间取得平衡。Dynamo 系统默认设置就是这种，即 $N=3$，$W=2$，$R=2$。

2. 两阶段提交协议

两阶段提交协议（Two-phase Commitment Protocal，2PC 协议）可以保证数据的强一致性。它把本地原子性提交行为的效果扩展到分布式事务，保证了分布式事务提交的原子性，并在不损坏日志的情况下，实现快速故障恢复，提高分布式数据库系统的可靠性。

在两阶段提交协议中，系统一般包含两类节点（或机器）：协调者（Coordinator）和参与者（Participants）。一般情况下，协调者在一个系统里只有一个，而系统事务参与者则通常包含多个，这在数据存储系统中可以理解为多个数据副本。两类节点之间的关系框架如图 5-8 所示。

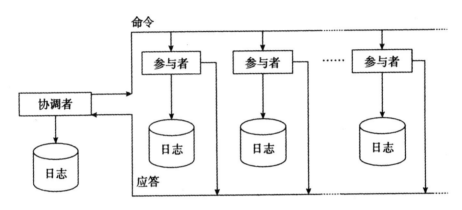

图 5-8 协调者与参与者之间的关系框架

注意：一般情况下，只有协调者才有掌握提交或撤销事务的决定权，而其他参与者各自负责在其本地数据库中执行写操作，并向协调者提出撤销或提交子事务的意向。但是在两阶段提交协议中，允许参与者单方面撤销事务。一旦参与者确定了提交或撤销提议，则不能再更改它的提议，并且，当参与者处于就绪状态时，根据协调者发出的消息的种类，参与者可以转换为提交状态或撤销状态。其次，协调者依据全局提交规则做出全局终止决定。最后，注意协调者和参与者可能进入某些相互等待对方发送消息的状态。为了确保它们能够从这些状态中退出并终止，要使用定时器。每个进程进入一个状态时都要设置定时器。如果所期待的消息在定时器超时之前没有到来，定时器向进程报警，进程于是调用它自己的超时协议。

两阶段提交协议是由请求阶段和提交阶段两个阶段组成。图 5-9 和图 5-10 所示为两阶段提交协议活动。

阶段 1：请求阶段（Commit-request Phase，或称表决阶段）

在请求阶段，协调者将通知事务参与者准备提交或取消事务，然后进入表决过程。在表决过程中，参与者将告知协调者自己的决策：同意或取消。若同意，则事务参与者本地作业执行成功，若取消，则事务参与者本地作业执行故障。

阶段 2：提交阶段（Commit Phase，或称执行阶段）

在提交阶段，协调者将根据请求阶段的投票结果进行决策：提交或取消。当且仅当所有的参与者同意提交事务时，协调者才通知所有的参与者提交事务，否则协调者将通知所有的参与者取消事务。参与者在接收到协调者发来的消息后将执行相应的操作。

图 5-10 描述了协调者和参与者之间的两阶段提交协议活动。这里参与者只有一个。图中，椭圆形表示状态；虚线表示协调者和参与者之间的消息；虚线上的标号说明了消息的种类。

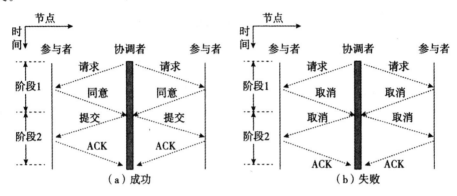

图 5-9　两阶段提交协议 1

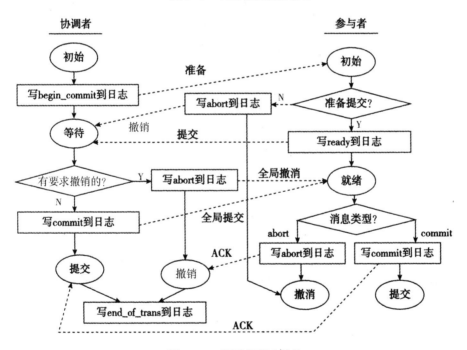

图 5-10　两阶段提交协议 2

两阶段提交协议最大的缺点在于它是通过阻塞完成的协议，节点在等消息的时候处于阻塞状态，节点中其他进程也需要等待阻塞进程释放资源。如果协调者发生了故障，那么参与者将无法完成事务而一直等待下去。

如果参与者同意"提交消息"给协调者，但此时协调者发生永久故障，这样参与者将会一直等待，导致节点发生永久阻塞。同样，当协调者发送"请求提交"消息给参与者时，如果存在某个参与者发生永久故障，协调者将在某一时间内通知其他参与者取消该事务，不会一直阻塞。由于两阶段提交协议并没有容忍机制，因此如果一个节点发生故障，那么整个事务都将取消，而这也将付出较大的代价。

5.3　NoSQL 的类型

为了解决传统关系型数据库无法满足大数据需求的问题，目前涌现出了很多种类型的NoSQL 数据库技术。NoSQL 数据库种类之所以如此众多，其部分原因可以归结于 CAP 理论。

在一致性、可用性和分区容错性这 3 者中通常只能同时实现两者。不同的数据集及不同的运行时间规则迫使人们采取不同的解决方案。各类数据库技术针对的具体问题也有所区别。数据自身的复杂性及系统的可扩展能力都是需要认真考虑的重要因素。NosoL 数据库通常分成键值（Key-Value）存储、列存储（Column-Oriented）、文档存储（Document-Oriented）和图形存储（Graph-Oriented）4 类。表 5 - 3 列举出了 4 种类型 NoSQL 的特点及典型产品。

表 5 - 3　4 种类型 NoSQL 的特点及典型产品

存储类型	特性	典型工具
键值存储	可以通过键快速查询到值，值无须符合特定格式	Redis
列存储	可存储结构化和半结构化数据，对某些列的高频查询有很好的 I/O 优势	Bigtable、Hbase
文档存储	数据以文档形式存储，没有固定格式	CouchDB、MongoDB
图形存储	以图形的形式存储数据及数据之间的关系	Neo4J

下面将对这 4 种不同类型的数据处理方法就原理、特点和使用方面分别做出比较详细的介绍。

5.3.1　键值存储

Key-Value 键值数据模型是 NoSQL 中最基本的、最重要的数据存储模型。Key-Value 的基本原理是在 Key 和 Value 之间建立一个映射关系，类似于哈希函数。Key-Value 数据模型和传统关系数据模型相比有一个根本的区别，就是在 Key-Value 数据模型中没有模式的概念。在传统关系数据模型中，数据的属性在设计之初就被确定下来了，包括数据类型、取值范围等。而在 Key-Value 模型中，只要制定好 Key 与 Value 之间的映射，当遇到一个 Key 值时，就可以根据映射关系找到与之对应的 Value，其中 Value 的类型和取值范围等属性都是任意的，这一特点决定了其在处理海量数据时具有很大的优势。

5.3.2　列存储

列存储是按列对数据进行存储的，在对数据进行查询（Select）的过程中非常有利，与传统的关系型数据库相比，可以在查询效率上有很大的提升。

列存储可以将数据存储在列族中。存储在一个列族中的数据通常是经常被一起查询的相关数据。例如，如果有一个"住院患者"类，人们通常会同时查询患者的住院号、姓名和性别，而不是他们的过敏史和主治医生。在这种情况下，住院号、姓名和性别就会被放入一个列族中，而过敏史和主治医生信息则不应该包含在这个列族中。

列存储的数据模型具有支持不完整的关系数据模型、适合规模巨大的海量数据、支持分布式并发数据处理等特点。总体来讲，列存储数据库的模式灵活、修改方便、可用性高、可扩展性强。

5.3.3　面向文档存储

面向文档存储是 IBM 最早提出的，是一种专门用来存储管理文档的数据库模型。面向文档数据库是由一系列自包含的文档组成的。这意味着相关文档的所有数据都存储在该文档中，而不是关系数据库的关系表中。事实上，面向文档的数据库中根本不存在表、行、列或关系，这意味着它们是与模式无关的，不需要在实际使用数据库之前定义严格的模式。与传统的关系型数据库和 20 世纪 50 年代的文件系统管理数据的方式相比，都有很大的区别。下面就具体介绍它们的区别。

在古老的文件管理系统中，数据不具备共享性，每个文档只对应一个应用程序，也就是即使是多个不同应用程序都需要相同的数据，也必须各自建立属于自己的文件。而面向文档数据库虽然是以文档为基本单位，但是仍然属于数据库范畴，因此它支持数据的共享。这就大大地减少了系统内的数据冗余，节省了存储空间，也便于数据的管理和维护。

在传统关系型数据库中，数据被分割成离散的数据段，而在面向文档数据库中，文档被看作是数据处理的基本单位。所以，文档可以很长也可以很短，可以复杂也可以简单，不必受到结构的约束。但是，这两者之间并不是相互排斥的，它们之间可以相互交换数据，从而实现相互补充和扩展。

例如，如果某个文档需要添加一个新字段，那么在文档中仅需包含该字段即可，而不需要对数据库中的结构做出任何改变。所以，这样的操作丝毫不会影响到数据库中其他任何文档。因此，文档不必为没有值的字段存储空数据值。

假如在关系数据库中需要 4 张表来储存数据：一个"Person"表、一个"Company"表、一个"Contact Details"表和一个用于储存名片本身的表。这些表都有严格定义的列和键，并且使用一系列的连接（Join）组装数据。虽然这样做的优势是每段数据都有一个唯一真实的版本，但这为以后的修改带来不便。此外，也不能修改其中的记录以用于不同的情况。例如，一个人可能有手机号码，也有可能没有。如果某个人没有手机号码，那么在名片上不应该显示"手机：没有"，而是忽略任何关于手机的细节。这就是面向文档存储和传统关系型数据库在处理数据上的不同。很显然，由于没有固定模式，面向文档存储显得更加灵活。

面向文档数据库和关系数据库的另一个重要区别就是面向文档数据库不支持连接。因此，如在典型工具 CouchDB 中就没有主键和外键，没有基于连接的键。这并不意味着不能从 CouchDB 数据库获取一组关系数据。CouchDB 中的视图允许用户为未在数据库中定义的文档创建一种任意关系。这意味着用户能够获得典型的 SQL 联合查询的所有好处，但又不需要在数据库层预定义它们的关系。

虽然面向文档数据库的操作方式在处理大数据方面优于关系数据库，但这并不意味着面向文档数据库就可以完全替代关系数据库，而是为更适合这种方式的项目提供一种更佳的选择，如博客和文档管理系统等。

5.3.4 图形存储

图形存储是将数据以图形的方式进行存储。在构造的图形中，实体被表示为节点，实体与实体之间的关系则被表示为边。其中最简单的图形就是一个节点，也就是一个拥有属性的实体。关系可以将节点连接成任意结构。那么，对数据的查询就转化成了对图的遍历。图形存储最卓越的特点就是研究实体与实体间的关系，所以图形存储中有丰富的关系表示，这在 NosQL 成员中是独一无二的。

在具体的情况下，可以根据算法从某个节点开始，按照节点之间的关系找到与之相关联的节点。例如，想要在住院患者的数据库中查找"负责外科 15 床患者的主治医生和主管护士是谁?"，这样的问题在图形数据库中就很容易得到解决。

下面利用一个实例来说明在关系复杂的情况下，图形存储较关系型存储的优势。在一部电影中，演员常常有主、配角之分，还要有投资人、导演、特效等人员的参与。在关系模型中，这些都被抽象为 Person 类型，存放在同一个数据表中。但是，现实的情况是，一位导演可能是其他电影或者电视剧的演员，更可能是歌手，甚至是某些影视公司的投资者。在这个实例中，实体和实体间存在多个不同的关系，如图 5-11 所示。

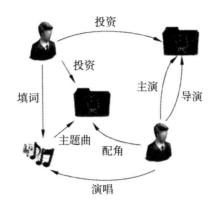

图 5-11　实体及实体间关系

在关系型数据库中，要想表达这些实体及实体间联系，就首先需要建立一些表，如表示人的表、表示电影的表、表示电视剧的表、表示影视公司的表等。要想研究实体和实体之间的关系，就要对表建立各种联系，如图 5-12 所示。由于数据库需要通过关联表来间接地实现实体间的关系，这就导致数据库的执行效能下降，同时数据库中的数量也会急剧上升。

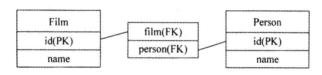

图 5-12　关系模型中的表及表间联系

除了性能之外，表的数量也是一个非常让人头疼的问题。刚刚仅仅是举了一个具有 4 个实体的例子——人、电影、电视剧和影视公司，现实生活中的例子可不是这么简单。不难看出，当需要描述大量关系时，传统的关系型数据库显得不堪重负，它更擅长的是实体较多但关系简单的情况。而对于一些实体间关系比较复杂的情况，高度支持关系的图形存储才是正确的选择。它不仅仅可以为人们带来运行性能的提升，更可以大大地提高系统的开发效率，减少维护成本。

在需要表示多对多关系时，常常需要创建一个关联表来记录不同实体的多对多关系，而且这些关联表常常不用来记录信息。如果两个实体之间拥有多种关系，那么就需要在它们之间创建多个关联表。而在一个图形数据库中，只需要标明两者之间存在着不同的关系，例如，用 DirectBy 关系指向电影的导演，或用 ActBy 关系来指定参与电影拍摄的各个演员，同时在 ActBy 关系中，更可以通过关系中的属性来表示其是否是该电影的主演。而且从上面所展示的关系的名称上可以看出，关系是有向的。如果希望在两个节点集间建立双向关系，就需要为每个方向定义一个关系。这两者的比较如图 5-13 所示。

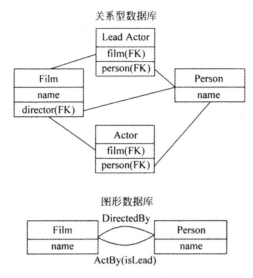

图 5 - 13　关系模型与图形存储的比较

5.4　典型的 NoSQL 工具

由于大数据时代刚刚到来，基于各类数据模型开发的数据库系统层出不穷，各个公司机构之间的竞争十分激烈。本节将介绍目前实际应用中比较典型的 3 个 NoSQL 工具，以此来代表 4 种不同的 NosoL 数据管理类型。

5.4.1　Redis

Redis 是一个典型的开源 Key-Value 数据库。目前 Redis 的最新版本为 3.2.0，如图 5 - 14 所示。用户可以在 Redis 官网 *http：//redis.io/download* 上获取最新的版本代码。

1. Redis 的运行平台

Redis 可以在 Linux 和 Mac OS X 等操作系统下运行使用，其中 Linux 为主要推荐的操作系统。虽然官方没有提供支持 Windows 的版本，但是微软开发并维护一个 Win-64 的 Redis 端口。

2. Redis 的特点

（1）支持存储的类型多样。与传统的关系型数据库或是其他非关系型数据库相比，Redis 支持存储的 Value 类型是非常多样的，不限于字符串，还包括 String（字符串）、Hash（哈希）、List（链表）、Set（集合）和 Zset（有序集合）等。

（2）存储效率高，同步性好。为了保证效率，Redis 将数据缓存在内存中，并周期性地把更新的数据写入磁盘或者把修改操作写入追加的记录文件中，并且在此基础上实现了主从同步。

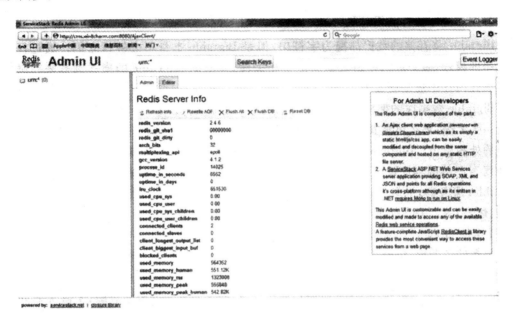

图 5-14　Redis 使用界面

5.4.2　Bigtable

Bigtable 是 Google 在 2004 年开始研发的一个分布式结构化数据存储系统，运用按列存储数据的方法，是一个未开源的系统。目前，已经有超过百余个项目或服务是由 Bigtable 来提供技术支持的，如 Google Analytics、Google Finance、Writely、Personalized Search 和 Google Earth 等。Bigtable 的许多设计思想还被应用在很多其他的 NoSQL 数据库中。

1. Bigtable 的数据模型

Bigtable 不支持完整的关系数据模型，相反，Bigtable 为客户提供了简单的数据模型。利用这个模型，客户可以动态控制数据的分布和格式，即对 BigTable 而言，数据是没有格式的，用户可以自己去定义。

2. Bigtable 的存储原理和架构

Bigtable 将存储的数据都视为字符串，但是 Bigtable 本身不去解析它们。通过仔细选择数据的模式，客户可以控制数据的位置相关性，并根据 BigTable 的模式参数来控制数据是存放在内存中还是硬盘上。

Bigtable 数据库的架构由主服务器和分服务器构成，如图 5-15 所示。如果把数据库看成是一张大表，那么可将其划分为许多基本的小表，这些小表就称为 Tablet，是

Bigtable 中最小的处理单位。Bigtable 主要包括 3 个主要部分：一个主服务器、多个 Tablet 服务器和链接到客户端的程序库。主服务器负责将 Tablet 分配到 Tablet 服务器，检测新增和过期的 Tablet 服务器，平衡 Tablet 服务器之间的负载，GFS 垃圾文件的回收，数据模式的改变（如创建表）等。Tablet 服务器负责处理数据的读写，并在 Tablet 规模过大时进行拆分。图 5 - 15 中的 Google WorkQueue 是一个分布式的任务调度器，主要用来处理分布式系统队列分组和任务调度，负责故障处理和监控；GFS 负责保存 Tablet 数据及日志；Chubby 负责帮助主服务器发现 Tablet 服务器，当 Tablet 服务器不响应时，主服务器就会通过扫描 Chubby 文件获取文件锁，如果获取成功就说明 Tablet 服务器发生了故障，主服务器就会重做 Tablet 服务器上的所有 Tablet。

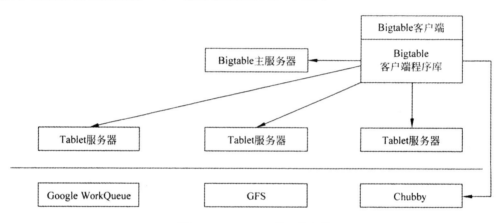

图 5 - 15 Bigtable 的系统架构

5.4.3 CouchDB

CouchDB 是一个开源的面向文档的数据管理系统。Couch 即 Cluster of Unreliable Commodity Hardware，反映了 CouchDB 的目标具有高度可伸缩性，提供了高可用性和高可靠性，即使运行在容易出现故障的硬件上也是如此。CouchDB 最初是用C++编写的，在 2008 年 4 月，这个项目转移到 Erlang/OTP 平台进行容错测试。Erlang 语言是一种并发性的函数式编程语言，可以说它是因并发而生，因大数据云计算而热，OTP 是 Erlang 的编程框架，是一个 Erlang 开发的中间件。

CouchDB 是用 Erlang 开发的面向文档的数据库系统，是完全面向 Web 的，截至 2014 年 10 月最新版本为 CouchDB 1.6.1。

1. CouchDB 的运行平台

CouchDB 可以安装在大部分操作系统上，包括 Linux 和 Mac OS X。尽管目前还不正式支持 Windows，但现在已经开始着手编写 Windows 平台的非官方二进制安装程序。CouchDB 可以从源文件安装，也可以使用包管理器安装，是一个顶级的 Apache Software Foundation 开源项目，并允许用户根据需求使用、修改和分发该软件。

2. CouchDB 的文档更新

传统的关系数据库管理系统有时使用并发锁来管理并发性，从而防止其他客户机访问某个客户机正在更新的数据。这就防止了多个客户机同时更改相同的数据，但对于多个客户机同时使用一个系统的情况，数据库在确定哪个客户机应该接收锁并维护锁队列的次序时会遇到困难。

CouchDB 的文档更新模型是无锁的。客户端应用程序加载文档，应用变更，再将修改后的数据保存到服务器主机上，这样就完成了文档编辑。如果一个客户端试图对文档进行修改，而此时其他客户端也在编辑相同的文档，并优先保存了修改，那么该客户端在保存时将会返回编辑冲突（Edit Conflict）错误。为了解决更新冲突，可以获取到最新的文档版本，重新修改后再尝试更新。文档更新操作，包括对文档的添加、编辑和删除具有原子性，要么全部成功，要么全部失败。数据库永远不会出现部分保存或者部分编辑的文档。

3. CouchDB 与 SQL 的对比

与传统的 SQL 相比，CouchDB 在对数据的要求和查询操作等方面都存在很大的不同，表 5-4 从这几个方面对二者进行了比较。

表 5-4 传统的 SQL 和 CouchDB 的对比

传统 SQL 数据库	CouchDB
结构需要预定义，并遵循一定的模式	结构无须预定义，没有固定模式
是结构统一的表的集合	是任意结构的文档的集合
数据需要满足一定的范式，数据无冗余	数据不必满足任何范式，存在数据冗余
用户需要事前清楚表结构	用户无须了解文档结构，甚至是文档名
属于静态模式下的动态查询	属于动态模式下的静态查询

思考与练习

1. 简述 NoSQL 的含义，以及 NoSQL 与传统关系型数据库相比在处理大数据时的优势。

2. 简述 CAP 理论的含义，并解释为什么在 CAP 3 个特性中只能同时满足其中两个特性。

3. 常见的大数据分区技术有哪几种？分别说明其特点。

4. 简述 NoSQL 的类型和工具。

▶ 第6章

Hadoop 与 MapReduce

〜〜〜〜〜〜〜〜〜〜〜〜〜〜〜〜〜〜〜〜〜〜〜〜〜〜〜

6.1　Hadoop 与 MapReduce 综述

我们这里提供一个关于 Hadoop 与 MapReduce 的简要描述。

MapReduce 是一种计算模型，该模型可将大型数据处理任务分解成很多单个的、可以在服务器集群中并行执行的任务。这些任务的计算结果可以合并在一起来计算最终的结果。

MapReduce 编程模型是由谷歌（Google）开发的。Google 通过一篇很有影响力的论文对这个计算模型进行了描述，名为《MapReduce：大数据之上的简化数据处理》。一年后，另一篇名为《Google 文件系统》的论文介绍了 Google 文件系统。这两篇论文启发了道·卡丁（Doug Cutting）开发了 Hadoop。

MapReduce 这个术语来自于两个基本的数据转换操作：map 过程和 reduce 过程。一个 map 操作会将集合中的元素从一种形式转换成另一种形式。在这种情况下，输入的键—值对会被转换成零到多个键—值对输出。其中，输入和输出的键必须完全不同，而输入和输出的值则可能完全不同。

在 MapReduce 计算框架中，某个键的所有键—值对都会被分发到同一个 reduce 操作中。确切地说，这个键和这个键所对应的所有值都会被传递给同一个 reducer。reduce 过程的目的是将值的集合转换成一个值（如对一组数值求和或求平均值），或者转换成另一个集合。这个 reducer 最终会产生一个键－值对。再次说明一下，输入和输出的键与值可能是不同的。需要说明的是，如果 job 不需要 reduce 过程，那么也是可以无 reduce 过程的。

Hadoop 提供了一套基础设施来处理大多数困难的工作以保证任务能够执行成功。例如，Hadoop 决定如果将提交的 job 分解成多个独立的 map 和 reduce 任务（task）来执行，它就会对这些 task 进行调度并为其分配合适的资源，决定将某个 task 分配到集群中哪个位置（如果可能，通常是这个 task 索要处理的数据所在的位置，这样就可以最小化网络开销）。它会监控每一个 task 以确保其成功完成，并重启一些失败的 task。

Hadoop 分布式文件系统（也就是 HDFS），或者一个同类的分布式文件系统，管理者集群中的数据。每个数据块（block）都会被冗余多份（通常默认会冗余 3 份），这样可以保证不会因单个硬盘或服务器的损坏导致数据丢失。同时，因为其目标是优化处理非常大的数据集，所以 HDFS 以及类似的文件系统所使用的数据块都非常大，通常是 64 MB 或是这个值的若干倍。这么大的数据块可以在硬盘上连续进行存储，这样可以保证以最少的磁盘寻址次数来进行写入和读取，从而最大化提高读写性能。为了更清晰地介绍 MapReduce，让我们来看一个简单的例子。Word Count 算法已经被称为是 MapReduce 计算框架中的 "Hello World" 程序了。Word Count 会返回在语料库（单个或多个文件）中出现的所有单词以及单词出现的次数。输出内容会显示每个单词和它的频数，每行显示一条。按照通常的习惯，单词（输出的键）和频数（输出的值）通常使用制表符进行分割。

图 6-1 显示了在 MapReduce 计算框架中 Word Count 程序是如何运作的。这里有很多内容要讲，我们将从左到右来讲解这个图。

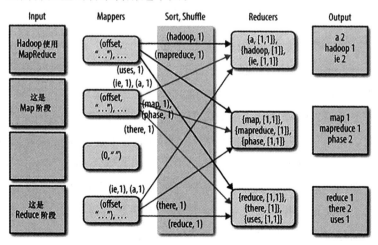

图 6-1　使用 MapReduce 执行 WordCount 算法

图 6-1 中左边的每个 Input（输入）框内都表示一个单独的文件。例子中有 4 个文

件，其中第 3 个文件是个空文件，为了便于简单描述，其他 3 个文件都仅仅包含有少量几个单词。

默认情况下，每个文档都会触发一个 Mapper 进程进行处理。而在实际场景下，大文件可能会被划分成多个部分，而每个部分都会被发送给一个 Mapper 进行处理。同时，也有将多个小文件合并成一个部分供某个 Mapper 进行合理的方法。不过，我们当前不必深究这些细节性问题。

MapReduce 计算框架中的输入和输出的基本数据结构是键－值对。当 Mapper 进程启动后，其将会被频繁调用来处理文件中的每行文本。每次调用中，传递给 Mapper 的键是文档中这行的起始位置的字符偏移量。对应的值是这行对应的文本。

在 WordCount 程序中，没有使用字符偏移量（也就是没有使用键）。值（也就是这行文本）可以使用很多种方式进行分割（例如，按照空格分割是最简单的方式，但是这样会遗留下不需要的标点符号），最终这行文本会被分解成多个单词。我们同时假定 Mapper 会将每个单词转换成小写，因此对于"FUN"和"fun"会被认为是同一个单词。

最后，对于这行文本中的每个单词，Mapper 都会输出一个键－值对，以单词作为键并以数字 1 作为值（这里 1 表示"出现 1 次"）。需要注意的是，键与值的输出数据类型和输入数据类型是不同的。

Hadoop 神奇的地方一部分在于后面要进行的 Sort（排序）和 Shuffle（重新分发）过程。Hadoop 会按照键来对键－值对进行排序，然后"重新洗牌"，将所有具有相同建的键－值对分发到同一个 Reducer 中。这里有很多种方式可以用于决定哪个 Reduer 获取哪个范围内的键对应的数据。这里我们先不必考虑这些问题。但是出于说明性目的，我们假设图中使用了一个特殊的按字母数字划分的过程（在实际执行中，会有所不同）。

对于 Mapper 而言，如果只是简单地对每个单词输出计数 1 这样的处理的话，那么会在 Sort 和 Shuffle 过程中产生一定的网络和磁盘 I/O 浪费（不过，这样并不会减少 Mapper 的内存使用）。有一个优化就是跟踪每个单词的频数，然后在 Mapper 结束后只输出每个单词在这个 Mapper 中的总频数。对于这个优化有好几种实现方式，但是，最简单的方式应该为逻辑是正确的，而且对于这个讨论，理由是充足的。

每个 Reducer 的输入同样是键－值对，但是这次，每个键将是 Mapper 所发现的单词中的某一个单词，而这个键对应的值将是所有 Mapper 对于这个单词计算出的频数的个集合。需要注意的是，键的数据类型和值的集合中元素的数据类型与 Mapper 的输出是一致的。也就是说，键的类型是一个字符串，而集合中的元素的数据类型是整型。

为了完成这个算法，所有的 Reducer 需要做的事情就是将值集合中的频数进行求和，然后写入每个单词和这个单词最终的频数组成的键－值对。

Word Count 不是一个虚构的例子。这个程序所产生的数据可用于拼写检查程序、计算机语言检测和翻译系统，以及其他应用程序。

6.2　Hadoop 生态系统中的 Hive

　　WordCount 算法和基于 Hadoop 实现的大多数算法都有点复杂。当用户真正使用 Hadoop 的 API 来实现这种算法时，甚至有更多的底层细节需要用户自己来控制。这是一个只适用于有经验的 Java 开发人员的工作，因此也就将 Hadoop 潜在地放在了个非程序员用户无法触及的位置，即使这些用户了解他们想使用的算法。

　　事实上，许多这些底层细节实际上进行的是从一个任务（job）到下一个任务（job）的重复性工作，例如，将 Mapper 和 Reducer——同写入某些数据操作构造这样的底层的繁重的工作，通过过滤得到所需数据的操作，以及执行类似 SQL 中数据集键的连接（JOIN）操作等。但幸运的是，存在种方式可以通过使用"高级"工具自动处理这些情况来重用这些通用的处理过程。

　　这也就是引入 Hive 的原因。Hive 不仅提供了一个熟悉 SQL 的用户所有熟悉的编程模型，还消除了大量的通用代码，甚至是那些有时不得不使用 Java 编写的令人棘手的代码。

　　这就是为什么 Hive 对于 Hadoop 是如此重要的原因，无论用户是 DB 还是 Java 开发工程师，Hive 可以让你花费相当少的精力就可以完成大量的工作。

　　图 6 - 2 显示了 Hive 的主要"模块"以及 Hive 是如何与 Hadoop 交互工作的。

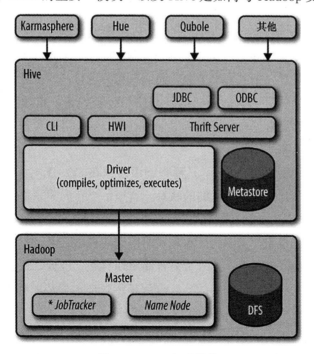

图 6 - 2　Hive 组成模块

Hive 发行版中附带的模块有 CLI，一个称为 Hive 网页界面（HWI）的简单网页界面，以及可通过 JDBC、ODBC 和个 Thrift 服务器进行编程访问的几个模块。

所有的命令和查询都会进入到 Driver（驱动模块），通过该模块对输入进行解析编译，列需求的计算进行优化，然后按照指定的步骤执行（通常是启动多个 MapReduce 任务（job）来执行）。当需要启动 MapReduce 任务（job）时，Hive 本身是不会生成 Java MapReduce 算法程序的。相反，Hive 通过表示"job 执行计划"的 XML 文件驱动执行内置的、原生的 Mapper 和 Reducer 模块。

Hive 通过和 JobTracker 通信来初始化 MapReduce 任务（job），而不必部署在 JobTracker 所在的管理节点上执行。在大型集群中，通常会有网关机专门用于部署像 Hive 这样的工具。在这些网关机上可远程和管理节点上的 JobTracker 信来执行任务（job）。通常，要处理的数据文件是存储在 HDFS 中的，而 HDFS 是由 NameNode 进行管理的。

Metastore（元数据存储）是一个独立的关系型数据库（通常是一个 MySQL 实例），Hive 会在其中保存表模式和其他系统元数据。在这里有必要提及其他的一些高级工具，这样用户可以根据需求进行选择。Hive 最适合于数据仓库程序，列于数据仓库程序不需要实时响应查询，不需要记录级别的插入、更新和删除。当然，Hive 也非常适合于有定 SQL 知识的用户。不过，用户的某些工作可能采用其他的工具会更容易进行处理。

6.2.1 Pig

Hive 的替代工具中最有名的就是 Pig 了。Pig 是由 Yahoo! 开发完成的，而同时期 Fackbook 正在开发 Hive。Pig 现在同样也是一个和 Hadoop 紧密联系的顶级 Apache 项目。假设用户的输入数据具有一个或者多个源，而用户需要进行一组复杂的转换来生成个或者多个输出数据集。如果使用 Hive，用户可能会使用嵌套查询（正如我们将看到的）来解决这个问题，但是在某些时刻会需要重新保存临时表（这个需要用户自己进行管理）来控制复杂度。

Pig 被描述成种数据流语言，而不是种查询语言。在 Pig 中，用户需要写系列的声明语句来定义某些关系和其他些关系之间的联系，这里每个新的关系都会执行新的数据转换过程。Pig 会查找这些声明，然后创建系列有次序的 MapReduce 任务（job），对这些数据进行转换，直到产生符合用户预期的计算方式所得到的最终结果。

这种步进式的数据"流"可以比复杂的查询更加直观。因此，Pig 常用于 ETL（数据抽取、数据转换和数据装载）过程的部分，也就是将外部数据装载到 Hadoop 集群中，然后转换成所期望的数据格式。

Pig 的一个缺点就是其所使用的定制语言不是基于 SQL 的。这是可以理解的，因为 Pig 本身就不是被设计为种查询语言的，但是这也意味着不适合将 SQL 应用程序移植到

Pig 中，而经验丰富的 SQL 用户可能需要投入更高的学习成本来学习 Pig。

然而，Hadoop 团队通常会将 Hive 和 Pig 结合使用，列于特定的工作选择合适的工具。

6. 2. 2　HBase

如果用户需要 Hive 无法提供的数据库特性（如行级别的更新、快速的查询响应时间以及支持事务），那么该怎么办呢？HBase 是一个分布式的、可伸缩的数据存储，其支持行级别的数据更新、快速查询和行级事务（但不支持多行事务）。

HBase 的设计灵感来自于谷歌（Google）的 BigTable，不过 HBase 并没有实现 BigTable 的所有特性。HBase 支持的一个重要特性就是列存储，其中的列可以组织成列族。列族在分布式集群中是存储在一起的。这就使得当查询场景涉及的列只是所有列的一个子集时，读写速度会快得多。因为不需要读取所有的行然后丢弃大部分的列，而是只需读取需要的列。

可以像键－值存储样来使用 HBase，其每行都使用了个一唯键来提供非常快的速度读写这行的列或者列族。HBase 还会对每个列保留多个版本的值（按照时间戳进行标记），版本数量是可以配置的，因此，如果需要，可以"时光倒流"回退到之前的某个版本的值。

最后，HBase 和 Hadoop 之间是什么关系？HBase 使用 HDFS（或其他某种分布式文件系统）来持久化存储数据。为了可以提供行级别的数据更新和快速查询，HBase 也使用了内存缓存技术对数据和本地文件进行追加数据更新操作日志，持久化文件将定期地使用附加日志进行更新等操作。

HBase 没有提供类似于 SQL 的查询语言，但是 Hive 现在已经可以和 HBase 结合使用了。

6. 2. 3　Cascading、Crunch 及其他

除 Apache Hadoop 生态系统之外还有几个"高级"语言，它们也在 Hadoop 之上提供了不错的抽象来减少对于特定任务（job）的底层编码工作。为了叙述的完整性，下面列举其中的一些来进行介绍。所有这些都是 JVM（Java 虚拟机）库，可用于像 Java、Clojure、Scala、JRuby、Groovy 和 Jython，而不是像 Hive 和 Pig 样使用自己的语言工具。

使用这些编程语言既有好处也有弊端。它使这些工具很难吸引熟悉 SQL 的非程序员用户。不过，对于开发工程师来说，这些工具提供了国灵完全的编程语言的完全控制。

Hive 和 Pig 都是国灵完全性的[①]。当需要 Hive 本身没有提供的额外功能时，我们需要学习如何用 Java 编码来扩展 Hive 功能（表 6-1）。

表 6-1　其他可选的 Hadoop 之上的高级语言库

名称	URL	描述
Casading	*http：//cascading.org*	提供数据处理抽象的 Java API。目前有很多支持 Casading 的特定领域语言（DSL），采用的是其他的编程语言，如 Scala、Groovy、JRuby 和 Jython
Casalog	*https：//github.com/ nathanmarz/cascaLog*	Casading 的一个 Clojure DSL，其提供了原语 Datalog 处理和查询抽象过程灵感而产生的附属功能
Ciunch	*https：//github.com/ cloudera/crunch*	提供了可定义数据流管道的 Java 和 Scala API

因为 Hadoop 是面向批处理系统的，所以存在更适合事件流处理使用的不同的分布式计算模式的工具。对事件流进行处理时，需要近乎"实时"响应。这里列举了其中一些项目（表 6-2）。

表 6-2　没有使用 MapReduce 的分布式处理工具

名称	URL	描述
Spark	*http：//www.spark-project.org/*	一个基于 Scala API 的分布式数据集的分布式计算框架。其可以使用 HDFS 文件，而且对 MapReduce 中多种计算可以提供显著的性能改进。同时还有一个将 Hive 指向 Spark 的项目，称作 Shark（http：// shark.cs.berkeley.edu/）
Storm	*https：//github.com/nathanmarz/ storm*	一个实时事件流处理系统
Kafka	*http：//incubator.apache.org/ kafka/index.html*	一个分布式的发布—订阅消息传递系统

最后，当无须一个完整的集群时（例如，处理的数据集很小，或者对于执行某个计算的时间要求并不苛刻），还有很多可选的工具可以轻松地处理原型算法或者对数据子集进行探索。表 6-3 列举了些相对比较热门的工具。

---

① 国灵完全性通常是指具有无限存储能力的通用物理机器或编程语言

表 6-3　其他数据处理语言和工具

名称	URL	描述
R	*http：//project.org/*	一个用于统计分析和数据图形化展示的开源语言，通常在数据与统计学家、经济学家等人群中很受欢迎。R 不是一个分布式系统，它可以处理的数据大小是有限的。努力将 R 与 Hadoop 结合起来
Matlab	*http：//www.mathworks.com/ products/matlab/index.html*	一个受工程师和科学家欢迎的商业数据分析和数值方法计算系统
Octave	*http：//www.gnu.org/ software/octave/*	Matlab 对应的开源版
Mathematica	*http：//wolfram.com/ mathematica/*	一个商业数据分析、人工智能和数值方法运算系统，这是一个科学家和工程师都欢迎的工具
Scipy Numpy	*http：//scipy.org*	科学家广泛使用的工具。它是使用 Python 进行编程的软件

6.3　Hadoop 的架构与组成

　　Hadoop 分布式系统基础框架具有创造性和极大的扩展性，用户可以在不了解分布式底层细节的情况下开发分布式程序，充分利用集群的威力高速运算和存储。

　　Hadoop 的核心组成部分是 HDFS、MapReduce 以及 Common，其中 HDFS 提供了海量数据的存储，MapReduce 提供了对数据的计算，Common 为其他模块提供了一系列文件系统和通用文件包。

6.3.1　Hadoop 架构

　　Hadoop 主要部分的架构如图 6-3 所示。Hadoop 的核心模块包含 HDFS、MapReduce 和 Common。HDFS 是分布式文件系统；MapReduce 提供了分布式计算编程框架；Common 是 Hadoop 体系最底层的一个模块，为 Hadoop 各模块提供基础服务。

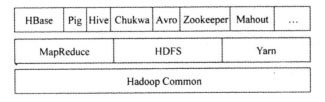

图 6-3　Hadoop 主要部分的架构

对比 Hadoop 1.0 和 Hadoop 2.0，其核心部分变化如图 6－4 所示。

其中 Hadoop 2.0 中的 Yarn 是在 Hadoop 1.0 中的 MapReduce 基础上发展而来的，主要是为了解决 Hadoop 1.0 扩展性较差且不支持多计算框架而提出的。

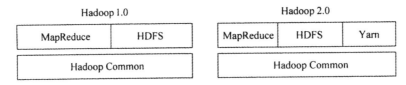

图 6－4　Hadoop 1.0 和 Hadoop 2.0 核心对比图

6.3.2　Hadoop 组成模块

1. HDFS

HDFS 是 Hadoop 体系中数据存储管理的基础。它是一个高度容错的系统，能检测和应对硬件故障，用于运行在低成本的通用硬件上。HDFS 简化了文件的一致性模型，通过流式数据访问，提供高吞吐量应用程序数据访问功能，适合带有大型数据集的应用程序。关于 HDFS 的详细介绍参见第 8 章。

2. MapReduce

MapReduce 是一种编程模型，用于大规模数据集（大于 1 TB）的并行运算。MapReduce 将应用划分为 Map 和 Reduce 两个步骤，其中 Map 对数据集上的独立元素进行指定的操作，生成键值对形式的中间结果。Reduce 则对中间结果中相同"键"的所有"值"进行规约，以得到最终结果。MapReduce 这样的功能划分，非常适合在大量计算机组成的分布式并行环境里进行数据处理。MapReduce 以 Job Tracker 节点为主，分配工作以及负责和用户程序通信。

3. Common

从 Hadoop 0.20 版本开始，Hadoop Core 模块更名为 Common。Common 是 Hadoop 的通用工具，用来支持其他的 Hadoop 模块。实际上 Common 提供了一系列文件系统和通用 I/O 的文件包，这些文件包供 HDFS 和 MapRcduce 公用。它主要包括系统配置工具、远程过程调用、序列化机制和抽象文件系统等。它们为在廉价的硬件上搭建云计算环境提供基本的服务，并且为运行在该平台上的软件开发提供了所需的 API。其他 Hadoop 模块都是在 Common 的基础上发展起来的。

4. Yarn

Yarn 是 Apache 新引入的子模块，与 MapReduce 和 HDFS 并列。由于在旧的框架中，作业跟踪器负责分配计算任务并跟踪任务进度，要一直监控作业下的任务的运行状况，承担的任务量过大，所以引入 Yarn 来解决这个问题。

5. Hive

Hive 最早是由 Facebook 设计，基于 Hadoop 的一个数据仓库工具，它可以将结构化的数据文件映射为一张数据库表，并提供类 SQL 查询功能。Hive 没有专门的数据存储格式，也没有为数据建立索引，用户可以非常自由地组织 Hive 中的表，只需要在创建表时告知 Hive 数据中的列分隔符和行分隔符，Hive 就可以解析数据。Hive 中所有的数据都存储在 HDFS 中，其本质是将 SQL 转换为 MapReduce 程序完成查询。

Hive 与 RDBMS（Rational DataBase Management System，关系数据库管理系统）对比见表 6-4。

表 6-4　Hive 与 RDBMS 对比

比较名称	Hive	RDBMS
查询	实时性差	实时性强
计算模型	MapReduce	自己设计
存储文件系统	HDFS	服务器本地
处理数据规模	大	小
索引	无	有

6. HBase

HBase 即 HadoopDatabase，是一个分布式的、面向列的开源数据库。HBase 不同于一般的关系数据库，其一，HBase 是一个适合于存储非结构化数据的数据库；其二，HBase 是基于列而不是基于行的模式。用户将数据存储在一个表里，一个数据行拥有一个可选择的键和任意数量的列。由于 HBase 表示疏松的数据，用户可以给行定义各种不同的列。HBase 主要用于需要随机访问、实时读写的大数据。

HBase 和 Hive 的相同点是它们都是架构在 Hadoop 之上的，都用 Hadoop 作为底层存储。其区别与联系见表 6-5。

表 6-5　HBase 与 Hive 对比

比较名称	HBase	Hive
用途	弥补 Hadoop 的实时操作	减少并行计算编写工作的批处理系统
检索方式	适用于索引访问	适用于全表扫描
存储	物理表	纯逻辑表
功能	只负责组织文件	既要存储文件又需要计算框架
执行效率	执行效率高	执行效率低

7. Avro

Avro 是由 Doug Cutting 牵头开发的，是一个数据序列化系统。Avro 类似于其他序列化机制，可以将数据结构或者对象转换成便于存储和传输的格式，其设计目标是用于支持数据密集型应用，适合大规模数据的存储与交换。Avro 提供了丰富的数据结构类型、快速可压缩的二进制数据格式、存储持久性数据的文件集、远程调用 RPC 和简单动态语言集成等功能。

8. Chukwa

Chukwa 是开源的数据收集系统，用于监控和分析大型分布式系统的数据。Chukwa 是在 Hadoop 的 HDFS 和 MapReduce 框架之上搭建的，它同时继承了 Hadoop 的可扩展性和健壮性。Chukwa 通过 HDFS 来存储数据，并依赖于 MapReduce 任务处理数据。Chukwa 中也附带了灵活且强大的工具，用于显示、监视和分析数据结果，以便更好地利用所收集的数据。

9. Pig

Pig 是一个对大型数据集进行分析和评估的平台。Pig 最突出的优势是它的结构能够经受住高度并行化的检验，这个特性让它能够处理大型的数据集。目前，Pig 的底层由一个编译器组成，它在运行的时候会产生一些 MapReduce 程序序列，Pig 的语言层由一种叫作 Pig Latin 的正文型语言组成。

6.4 Hadoop 应用分析

Hadoop 采用分而治之的计算模型，以对海量数据排序为例，对海量数据进行排序时可以参照编程快速排序法的思想。快速排序法的基本思想是在数列中找出适当的轴心，然后将数列一分为二，分别对左边与右边数列进行排序。

1. 传统的数据排序方式

传统的数据排序就是使一串记录按照其中的某个或某些关键字的大小递增或递减的排列起来的操作。排序算法是如何使得记录按照要求排列的方法，排序算法在很多领域得到相当的重视，尤其是在大量数据的处理方面。一个优秀的算法可以节省大量的资源。在各个领域中考虑到数据的各种限制和规范，要得到一个符合实际的优秀算法，需经过大量的推理和分析。

下面以快速排序为例，对数据集合 $a(n)$ 从小到大的排序步骤如下：

（1）首先设定一个待排序的元素 $a(x)$。

（2）遍历要排序的数据集合 $a(n)$，经过一轮划分排序后在 $a(x)$ 左边的元素值都小于它，在 $a(x)$ 右边的元素值都大于它。

（3）再按此方法对 $a(x)$ 两侧的这两部分数据分别再次进行快速排序，整个排序过程可以递归进行，以此达到整个数据集合变成有序序列。

2. Hadoop 的数据排序方式

设想如果将数据 $a(n)$ 分割成 M 个部分，将这 M 个部分送去 MapReduce 进行计算，自动排序，最后输出内部有序的文件，再把这些文件首尾相连合并成一个文件，即可完成排序，操作具体步骤见表 6-6。

表 6-6　大数据排序步骤

序号	步骤名称	具体操作
1	抽样	对等待排序的海量数据进行抽样
2	设置断点	对抽样数据进行排序，产生断点，以便进行数据分割
3	Map	对输入的数据计算所处断点位置并将数据发给对应 ID 的 Reduce
4	Reduce	Reduce 将获得的数据进行输出

6.5　Hadoop 应用案例

本节以 Last. fm 和 Facebook 为例说明 Hadoop 在这些软件上的应用。

6.5.1　Last. fm

Last. fm 是世界上最大的社交音乐平台。它创建于 2002 年，提供网络电台和网络音乐服务。Last. fm 音乐库里有约超过 1 000 万个歌手和超过 1 亿首歌曲。每个月全世界 250 个国家超过 2 000 万人在这里寻找、收听、谈论自己喜欢的音乐。这些数字不断增长，产生大量数据。2006 年初，Last. fm 开始使用 Hadoop，几个月后投入实际应用。Hadoop 是 Last. fm 基础平台的关键组件，有 2 个 Hadoop 集群、50 台计算机、300 个内核、100 TB 的硬盘空间。在集群上运行数百种日常作业，包括日志文件分析、A/B 测试评测、即时处理和图表生成。图 6-5 所示为 Last. fm 图标。

图 6-5　Llast. fm 图标

Last. fm 创建于 2002 年，它是一个提供网络电台和网络音乐服务的社交网络。每个月有 2 500 万人使用 Last. fm，会产生大量数据。

1. 图表生成

图表生成是 Hadoop 在 Last.fm 的第一个应用，如图 6 - 6 所示。

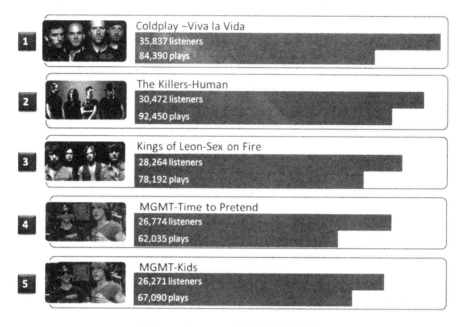

图 6 - 6　Last.fm 音乐排行统计图表

2. 数据从哪里来

Last.fm 有两种收听数据：用户播放自己的音乐，如使用 PC 或者其他设备来播放 mp3，这种信息通过 Last.fm 的客户端或者第三方应用发送到 Last.fm，这一类叫 scrobble 收藏数据；用户收听 Last.fm 网络电台的节目，以及在听节目时候的喜好、跳过、禁止等操作信息，这一类叫 radiolisten 电台收听数据。

3. 数据存储

收听数据被发送到 Last.fm，经过验证和转换，形成一系列由空格分隔的文本文件，包含用户 ID（Userid）、音乐 ID（Trackid）、这首音乐被收藏的次数（Scrobble）、这首音乐在电台中被收听的次数（Radio）及被跳过的次数（Skip）。真实数据达到 GB 级别，有更多属性字段。

4. 数据处理

（1）UniqueListeners 作业：统计收听某一首歌的不同用户数。也就是说，有多少个用户听过某个歌。如果用户重复收听，那么只算一次。

（2）Sum 作业：每首歌的收听总数、收藏总数、电台收听总数及被跳过的总数。

（3）合作作业：每首歌被多少不同用户收听总数、收听总数、收藏总数、电台收听总数及被跳过的总数。

这些数据会被用来制作周排行榜等，然后在 Last.fm 主站上显示出来。

5. 总结

Hadoop 已经成为 Last. fm 基础框架的一个重要部件，它用于产生和处理各种各样的数据集，如网页日志信息和用户收听数据。为了让读者能够掌握主要的概念，这里讲述的例子已经被大大地简化，而在实际应用中，输入的数据具有更复杂的结构，并且数据处理的代码也更加烦琐。虽然 Hadoop 本身已经足够成熟，可以支持实际应用，但它仍在被开发人员积极地开发，并且 Hadoop 社区每周都会为它增加新的特性及提升它的性能。Last. fm 很高兴是这个社区的一份子，是代码和新想法的贡献者，同时也是对大量开源技术进行利用的终端用户。

6.5.2　Facebook

图 6 - 7 所示为 Facebook 图标。

图 6 - 7　Facebook 图标

1. 背景

Facebook 是世界著名的大型社交网站，有 3 亿以上的用户活跃在此网站上，其中有 10 010 左右的用户每天至少更新一次自己的状态；每个月用户累计上传超过 10 亿张图片和 1 000 万个视频；每周累计共享 10 亿条内容，其中包括个人日志、网页链接、热点新闻、热门微博等。如此巨大的数据量都是 Facebook 需要存储和处理的，而且每天还要新增加 4 TB 压缩后的数据，需要扫描高达 135 TB 的数据，在集群上执行 Hive 任务超过 7 500 次，每小时需要进行 8 万次计算……所以高性能的云平台对 Facebook 而言至关重要，而 Facebook 采用 Hadoop 平台，主要负责完成日志处理、推荐系统和数据仓库等各方面的工作。

2. 数据存储现状

Facebook 将海量数据存储在数据仓库上，这个数据仓库是利用 Hadoop/Hive 搭建的，拥有 4 800 个内核，5.5 PB 的存储量，单节点存储量达 12 TB，其两层集群的网络拓扑图如图 6 - 8 所示。Facebook 中的 MapReduce 集群可以动态变化，它基于负载情况和集群节点之间的配置信息可动态移动。

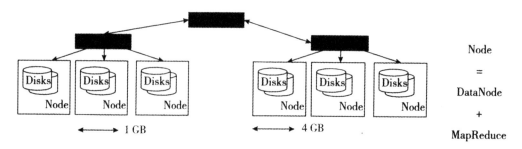

图 6 - 8　两层集群的网络拓扑图

3. 数据仓库架构

图 6 - 9 为 Facebook 数据仓库架构，在这个架构中，网络服务器和内部服务生成日志数据。这里 Facebook 使用开源日志收集系统，它可以将数以百计的日志数据集存储在 NFS 服务器上，且大部分日志数据会复制到同一个中心的 HDFS 实例中，而 HDFS 存储的数据都会放到利用 Hive 构建的数据仓库中。Hive 提供了类 SQL 的语言来与 MapReduce 结合，创建并发布多种摘要和报告，以及在它们的基础上进行历史分析。Hive 上基于浏览器的接口允许用户执行 Hive 查询。Oracle 和 MySQL 数据库用来发布摘要，这些数据容量相对较小，但查询频率较高，并需要实时响应。

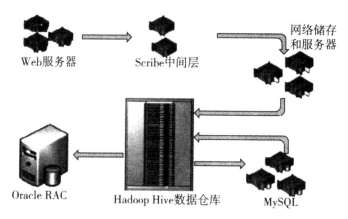

图 6 - 9　Facebook 数据仓库架构

4. AvatarNode 和调度策略

一些旧的数据需要及时归档，并存储在较便宜的存储器上，如图 6 - 10 所示。下面介绍 Facebook 在 AvatarNode 和调度策略方面所做的一些工作。AvatarNode 主要用于 HDFS 的恢复和启动。若 HDFS 崩溃，按原有技术恢复首先需要花 10～15 min 来读取 12 GB 的文件镜像并写回，还要用 20～30 min 处理来自 2 000 个 DataNode 的数据块报告，最后用 40～ 60 min 来恢复崩溃的 NameNode 和部署软件。表 6 - 7 说明了 BackupNode 和 AvatarNode 的区别。AvatarNode 作为普通的 NameNode 启动，处理所有来自 DataNode 的消息。AvatarDataNode 与 DataNode 相似，支持多线程和针对多个主节点的多队列，但无法区分原始和备份。人工恢复使用 AvatarShell 命令行工具，AvatarShell 执行恢复操作并更新 ZooKeeper 的 zNode，恢复过程对用户来说是透明的。分布式 Avatar 文件系统实现在现有文件系统的上层。

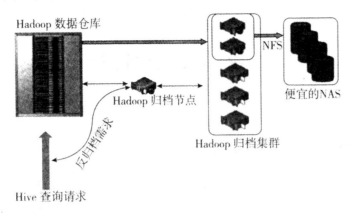

图 6－10　数据归档

表 6－7　BackupNode 和 AvatarNode 的区别

BackupNode（冷备份）	AvatarNode（热备份）
Namespace 状态与原始的同步	Namespace 状态与原始相比有几个事务的延迟
没有数据块和 DataNode 信息	拥有全部的数据块和 DataNode 信息
在可用之前仍需 20～30 min	6 500 万个文件的恢复不超过 1 min

基于位置的调度策略在实际应用中存在着一些问题，如需要高内存的任务可能会被分配给拥有低内存的 TaskTracker；CPU 资源有时未被充分利用；为不同硬件的 TaskTracker 进行配置也比较困难等。Facebook 采用基于资源的调度策略，即公平享有调度方法，实时监测系统并收集 CPU 和内存的使用情况。调度器会分析实时的内存消耗情况，然后在任务之间公平分配任务的内存使用量。它通过读取/proc/目录解析进程树，并收集进程树上所有的 CPU 和内存的使用信息，然后通过 TaskCounters 在心跳（Heart Beat）时发送信息。

5. Hive 的架构

Facebook 的数据仓库使用 Hive。这里 HDFS 支持 3 种文件格式：文本文件（Text File），方便其他应用程序读写；顺序文件（Sequence File），只有 Hadoop 能够读取并支持分块压缩；RCFile，使用顺序文件基于块的存储方式，每个块按列存储，这样有较好的压缩率和查询性能。Facebook 未来会在 Hive 上进行改进，以使 Hive 支持索引、视图、子查询等新功能。

6. 挑战

现在 Facebook 使用 Hadoop 遇到的挑战如下：

（1）服务质量和隔离性方面：较大的任务会影响集群性能。

（2）安全性方面：如果软件漏洞导致 NameNode 事务日志崩溃该如何处理。

（3）数据归档方面：如何选择归档数据，以及数据如何归档。

（4）性能提升方面：如何有效地解决瓶颈等。

6.6 MapReduce 架构和工作流程

6.6.1 MapReduce 的架构

MapReduce 的架构是 MapReduce 整体结构与组件的抽象描述，与 HDFS 类似，MapReduce 采用了 Master/Slave（主/从）架构，其架构如图 6-11 所示。

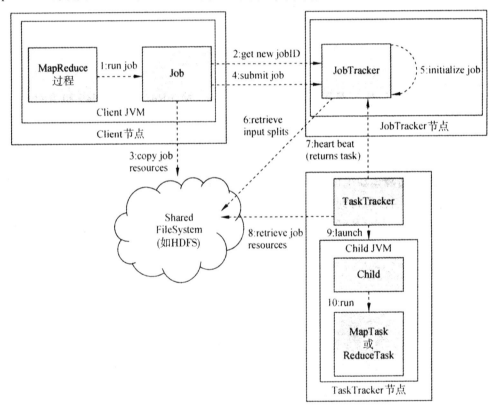

图 6-11 MapReduce 架构图

在图 6-11 中，JobTracker 称为 Master，TaskTracker 称为 Slave，用户提交的需要计算的作业称为 Job（作业），每一个 Job 会被划分成若干个 Tasks（任务）。JobTracker 负责 Job 和 Tasks 的调度，而 TaskTracker 负责执行 Tasks。

MapReduce 架构由 4 个独立的节点（Node）组成，分别为 Client、JobTracker、TaskTracker 和 HDFS，分别介绍如下。

（1）Client：用来提交 MapReduce 作业。

（2）JobTracker：用来初始化作业、分配作业并与 TaskTracker 通信并协调整个作业。

（3）TaskTracker：将分配过来的数据片段执行 MapReduce 任务，并保持与 JobTracker 通信。

（4）HDFS：用来在其他节点间共享作业文件。

6.6.2　MapReduce 的工作流程

结合图 6-11，MapReduce 的工作流程可简单概括为以下 10 个工作步骤。

（1）MapReduce 在客户端启动一个作业。

（2）Client 向 JobTracker 请求一个 JobID。

（3）Client 将需要执行的作业资源复制到 HDFS 上。

（4）Client 将作业提交给 JobTracker。

（5）JobTracker 在本地初始化作业。

（6）JobTracker 从 HDFS 作业资源中获取作业输入的分割信息，根据这些信息将作业分割成多个任务。

（7）JobTracker 把多个任务分配给在与 JobTracker 心跳（即心跳信号）通信中请求任务的 TaskTracker。

（8）TaskTracker 接收到新的任务之后会首先从 HDFS 上获取作业资源，包括作业配置信息和本作业分片的输入。

（9）TaskTracker 在本地登录子 JVM（Java Virtual Machine）。

（10）TaskTracker 启动一个 JVM 并执行任务，并将结果写回 HDFS。

思考与练习

1. 以表格形式阐述 HBase 与 Hive 的异同点。

2. 简述 Hadoop 在数据处理方面存在的问题。

3. 简述 MapReduce 的功能。

4. 简述 MapReduce 的技术特征。

5. 简述 MapReduce 的局限（至少列举出 3 点）。

6. MapReduce 架构由哪些节点组成？各自的功能是什么？

▶ 第 7 章

HDFS

7.1 HDFS 概述

HDFS（Hadoop Distributed File System，HDFS）是 Hadoop 架构下的分布式文件系统。HDFS 是 Hadoop 的一个核心模块，负责分布式存储和管理数据，具有高容错性、高吞吐量等优点，并提供了多种访问模式。HDFS 能做到对上层用户的绝对透明，使用者不需要了解内部结构就能得到 HDFS 提供的服务，并且 HDFS 提供了一系列的 API，可以让开发者和研究人员快速地编写基于 HDFS 的应用。

7.1.1 HDFS 的相关概念

由于 HDFS 分布式文件系统概念相对复杂，对其相关概念介绍如下。

Metadata 是元数据，元数据信息包括名称空间、文件到文件块的映射、文件块到 DataNode 的映射 3 部分。

NameNode 是 HDFS 系统中的管理者，负责管理文件系统的命名空间，维护文件系统的文件树及所有的文件和目录的元数据。一个 Hadoop 集群环境中一般只有一个 NameNode，它成为整个 HDFS 系统的关键故障点，对整个系统的运行有较大的影响。

Secondary NameNode 是以备 NameNode 发生故障时进行数据恢复。一般在一台单独的物理计算机上运行，与 NameNode 保持通信，按照一定时间间隔保存文件系统元数据的快照。

DataNode 是 HDFS 文件系统中保存数据的节点。根据需要存储并检索数据块，受客户端或 NameNode 调度，并定期向 NameNode 发送它们所存储的块的列表。

Client 是客户端，HDFS 文件系统的使用者，它通过调用 HDFS 提供的 API 对系统中的文件进行读写操作。

块是 HDFS 中的存储单位，默认为 64 MB。在 HDFS 中文件被分成许多一定大小的分块，作为单独的单元存储。

7.1.2　HDFS 的特性

HDFS 被设计成适合运行在通用硬件（Commodity Hardware）上的分布式文件系统。它是一个高度容错性的系统，适合部署在廉价的机器上，能提供高吞吐量的数据访问，适合大规模数据集上的应用，同时放宽了一部分 POSIX（Portable Operating System Interface，可移植操作系统接口）约束，实现流式读取文件系统数据的目的。HDFS 的主要特性如下：

1. 高效硬件响应

HDFS 可能由成百上千的服务器所构成，每个服务器上都存储着文件系统的部分数据。构成系统的模块数目是巨大的，而且任何一个模块都有可能失效，这意味着总是有一部分 HDFS 的模块是不工作的，因此错误检测和快速、自动的恢复是 HDFS 重要特点。

2. 流式数据访问

运行在 HDFS 上的应用和普通的应用不同，需要流式访问它们的数据集。流式数据的特点是像流水一样，是一点一点"流"过来，而处理流式数据也是一点一点处理的。如果是全部收到数据以后再处理，那么延迟会很大，而且在很多场合会消耗大量内存。HDFS 在设计中更多地考虑到了数据批处理，而不是用户交互处理。较之数据访问的低延迟问题，更关键在于数据访问的高吞吐量。POSIX 标准设置的很多硬性约束对 HDFS 应用系统不是必需的。为了提高数据的吞吐量，在一些关键方面对 POSIX 的语义做了一些修改。

3. 海量数据集

运行在 HDFS 上的应用具有海量数据集。HDFS 上的一个典型文件大小一般都在 GB 至 TB 级别。HDFS 能提供较高的数据传输带宽，能在一个集群里扩展到数百个节点。一个单一的 HDFS 实例能支撑数以千万计的文件。

4. 简单一致性模型

HDFS 应用采用"一次写入多次读取"的文件访问模型。一个文件经过创建、写入和关闭之后就不再需要改变，这一模型简化了数据一致性的问题，并且使高吞吐量的数据访问成为可能。MapReduce 应用和网络爬虫应用都遵循该模型。

5. 异构平台间的可移植性

HDFS 在设计的时候就考虑到平台的可移植性，这种特性方便了 HDFS 作为大规模数据应用平台的推广。

需要注意的是，HDFS 不适用于以下应用：

（1）低延迟数据访问。因为 HDFS 关注的是数据的吞吐量，而不是数据的访问速度，所以 HDFS 不适用于要求低延迟的数据访问应用。

（2）大量小文件。HDFS 中 NameNode 负责管理元数据的任务，当文件数量太多时就会受到 NameNode 容量的限制。

（3）多用户写入修改文件。HDFS 中的文件只能有一个写入者，而且写操作总是在文件结尾处，不支持多个写入者，也不支持在数据写入后，在文件的任意位置进行修改。

7.2　HDFS 分布式文件系统体系结构和工作原理

7.2.1　HDFS 体系结构

HDFS 采用了主从结构构建，NameNode 为 Master（主），其他 DataNode 为 Slave（从），文件以数据块的形式存储在 DataNode 中。NameNode 和 DataNode 都以 Java 程序的形式运行在普通的计算机上，操作系统一般采用 Linux。一个 HDFS 分布式文件系统架构如图 7 - 1 所示。

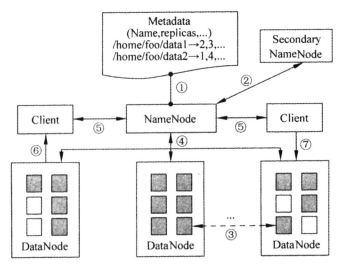

图 7 - 1　HDFS 分布式文件系统架构图

其中：

（1）连线①：NameNode 是 HDFS 系统中的管理者，对 Metadata 元数据进行管理。负责管理文件系统的命名空间，维护文件系统的文件树及所有的文件和目录的元数据。

（2）连线②：当 NameNode 发生故障时，使用 Secondary NameNode 进行数据恢复。它一般在一台单独的物理计算机上运行，与 NameNode 保持通信，按照一定时间间隔保存文件系统元数据的快照，以备 NameNode 发生故障时进行数据恢复。

（3）连线③：HDFS 中的文件通常被分割为多个数据块，存储在多个 DataNode 中。DataNode 上存了数据块 ID 和数据块内容，以及它们的映射关系。文件存储在多个 DataNode 中，但 DataNode 中的数据块未必都被使用（如图 7-1 中的空白块）。

（4）连线④：NameNode 中保存了每个文件与数据块所在的 DataNode 的对应关系，并管理文件系统的命名空间。DataNode 定期向 NameNode 报告其存储的数据块列表，以备使用者直接访问 DataNode 获得相应的数据。DataNode 还周期性地向 NameNode 发送心跳信号，提示 DataNode 是否工作正常。DataNode 与 NameNode 还要进行交互，对文件块的创建、删除、复制等操作进行指挥与调度，只有在交互过程中收到了 NameNode 的命令后，才开始执行指定操作。

（5）连线⑤：Client 是 HDFS 文件系统的使用者，在进行读写操作时，Client 需要先从 NameNode 获得文件存储的元数据信息。

（6）连线⑥⑦：Client 从 NameNode 获得文件存储的元数据信息后，与相应的 DataNode 进行数据读写操作。

注释：

心跳信号：是每隔一段时间向互联的另一方发送一个很小的数据包，通过对方回复情况判断互联的双方之间的通信链路是否已经断开的方法。

7.2.2　HDFS 的工作原理

下面以一个文件 File A（大小为 100 MB）为例，说明 HDFS 的工作原理。

1. HDFS 的读操作

HDFS 的读操作原理较为简单，Client 要从 DataNode 上读取 File A。而 File A 由 Block1 和 Block2 组成，其流程如图 7-2 所示。

图 7-2 中，左侧为 Client，即客户端。File A 分成两块，Block1 和 Block2。右侧为 Switch，即交换机。HDFS 按默认配置将文件分布在 3 个机架上 Rack1、Rack2 和 Rack3。

过程步骤如下：

（1）Client 向 NameNode 发送读请求（如图 7-2 连线①）。

（2）NameNode 查看 Metadata 信息，返回 File A 的 Block 的位置（如图 7-2 连线②）。

Block1 位置：host2，host1，host3；Block2 位置：host7，host8，host4。

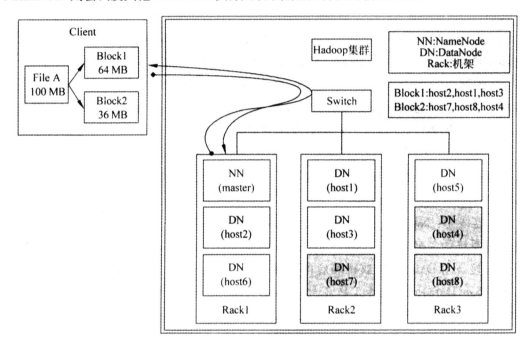

（3）Block 的位置是有先后顺序的，先读 Block1，再读 Block2，而且 Block1 去 host2 上读取；然后 Block2 去 host7 上读取。

在读取文件过程中，DataNode 向 NameNode 报告状态。每个 DataNode 会周期性地向 NameNode 发送心跳信号和文件块状态报告，以便 NameNode 获取到工作集群中 DataNode 状态的全局视图，从而掌握它们的状态。如果存在 DataNode 失效的情况，NameNode 则会调度其他 DataNode 执行失效节点上文件块的读取处理。

图 7-2 HDFS 读操作流程

2. HDFS 的写操作

HDFS 中 Client 写入文件 File A 的原理流程如图 7-3 所示。

（1）Client 将 File A 按 64 MB 分块，分成 Block1 和 Block2 两块。

（2）Client 向 NameNode 发送写数据请求（如图 7-3 连线①）。

（3）NameNode 记录着 Block 信息，并返回可用的 DataNode（如图 7-3 连线②）。Block1 位置：host2、host1、host3 可用；Block2 位置：host7、host8、host4 可用。

（4）Client 向 DataNode 发送 Block1，发送过程是以流式写入。流式写入过程如下：

①将 64 MB 的 Block1 按 64 KB 大小划分成 package。

②Client 将第一个 package 发送给 host2。

③host2 接收完后，将第一个 package 发送给 host1；同时 Client 向 host2 发送第二个 package。

④host1 接收完第一个 package 后，发送给 host3；同时接收 host2 发来的第二个 package。

⑤以此类推，直到将 Block1 发送完毕。

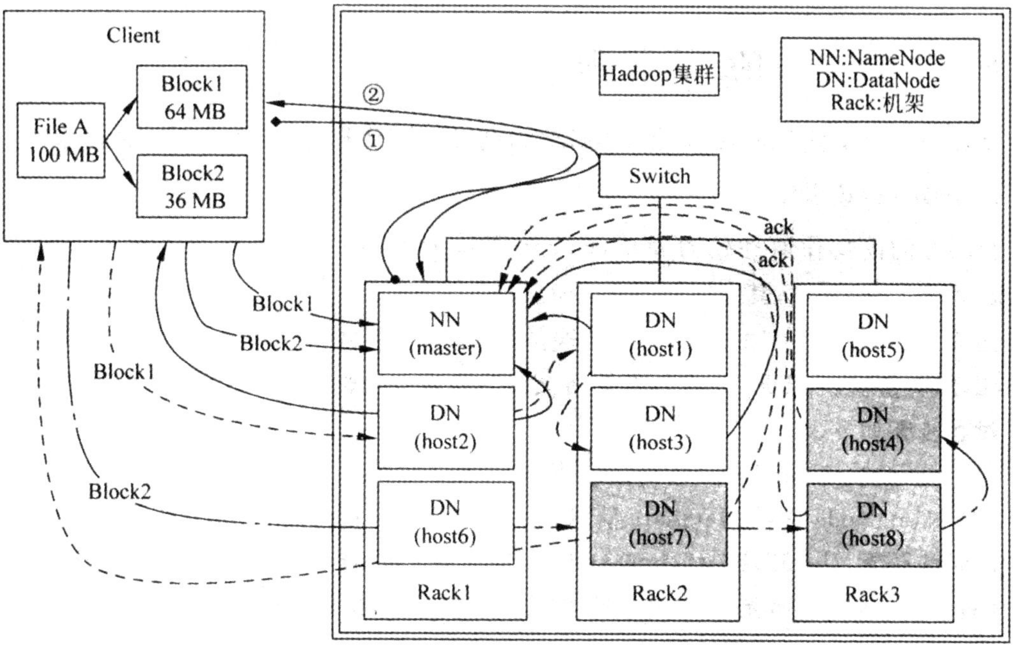

图 7－3　HDFS 写操作流程

⑥host2、host1、host3 向 NameNode 发送通知，host2 向 Client 发送通知，说明消息发送完毕。

⑦Client 收到 host2 发来的消息后向 NameNode 发送消息，说明写操作完成。这样就完成 Block1 的写操作。

⑧发送完 Block1 后，再向 host7、host8、host4 发送 Block2。

⑨发送完 Block2 后，host7、host8、host4 向 NameNode 发送通知，host7 向 Client 发送通知。

⑩Client 向 NameNode 发送消息，说明写操作完成。

在写文件过程中，每个 DataNode 会周期性地向 NameNode 发送心跳信号和文件块状态报告。如果存在 DataNode 失效的情况，NameNode 则会调度其他 DataNode 执行失效节点上文件块的复制处理，保证文件块的副本数达到规定数量。

7.3　HDFS 的相关技术

在 HDFS 分布式存储和管理数据的过程中，为了保证数据的可靠性、安全性、高容错性等特点采用了以下技术：

1. 文件命名空间

HDFS 使用的系统结构是传统的层次结构。但是，在做好相应的配置后，对于上层应用来说，就几乎可以当成是普通文件系统来看待，忽略 HDFS 的底层实现。

上层应用可以创建文件夹，可以在文件夹中放置文件；可以创建、删除文件；可以移动文件到另一个文件夹中；可以重命名文件。但是，HDFS 还有一些常用功能尚未实现，如硬链接、软链接等功能。这种层次目录结构与其他大多数文件系统类似。

2. 权限管理

HDFS 支持文件权限控制，但是目前的支持相对不足。HDFS 采用了 UNIX 权限码的模式来表示权限，每个文件或目录都关联着一个所有者用户和用户组以及对应的权限码 rwx（read、write、execute）。每次文件或目录操作，客户端都要把完整的文件名传给 NameNode，每次都要对这个路径的操作权限进行判断。HDFS 的实现与 POSIX 标准类似，但是 HDFS 没有严格遵守 POSIX 标准。

3. 元数据管理

NameNode 是 HDFS 的元数据计算机，在其内存中保存着整个分布式文件系统的两类元数据：一是文件系统的命名空间，即系统目录树；二是数据块副本与 DataNode 的映射，即副本的位置。

对于上述第 1 类元数据，NameNode 会定期持久化，第 2 类元数据则靠 DataNode BlockReport 获得。

NameNode 把每次对文件系统的修改作为一条日志添加到操作系统本地文件中。比如，创建文件、修改文件的副本因子都会使得 NameNode 向编辑日志添加相应的操作记录。当 NameNode 启动时，首先从镜像文件 fsimage 中读取 HDFS 所有文件目录元数据加载到内存中，然后把编辑日志文件中的修改日志加载并应用到元数据，这样启动后的元数据是最新版本的。之后，NameNode 再把合并后的元数据写回到 fsimage，新建一个空编辑日志文件以写入修改日志。

由于 NameNode 只在启动时才合并 fsimage 和编辑日志两个文件，这将导致编辑日志文件可能会很大，并且运行得越久就越大，下次启动时合并操作所需要的时间就越长。为了解决这一问题，Hadoop 引入 Secondary NameNode 机制，Secondary NameNode 可以随时替换为 NameNode，让集群继续工作。

4. 单点故障问题

HDFS 的主从式结构极大地简化了系统体系结构，降低了设计的复杂度，用户的数据也不会经过 NameNode。但是问题也是显而易见的，单一的 NameNode 节点容易导致单点故障问题。一旦 NameNode 失效，将导致整个 HDFS 集群无法正常工作。此外，由于 Hadoop 平台的其他框架如 MapReduce、HBase、Hive 等都是依赖于 HDFS 的基础服务，因此 HDFS 失效将对整个上层分布式应用造成严重影响。Secondary NameNode 可以解决这个问题，但是需要切换 IP，手动执行相关切换命令，而且 NameNode 的数据不一定是最新的，存在一致性问题，不适合做 NameNode 的备用机。除了 Secondary NameNode，其他相对成熟的解决方案还有 Backup Node 方案、DRDB 方案、AvatarNode 方案。

5. 数据副本

HDFS 是用来为大数据提供可靠存储的，这些应用所处理的数据一般保存在大文件中。HDFS 存储文件时会将文件分成若干个块，每个块又会按照文件的副本因子进行备份。

同副本因子一样，块的大小也是可以配置的，并且在创建后也能修改。习惯上会设置成 64 MB 或 128 MB 或 256 MB（默认是 64 MB），但是块既不能太小也不能太大。

6. 通信协议

HDFS 是应用层的分布式文件系统，节点之间的通信协议都是建立在 TCP/IP 协议之上的。HDFS 有 3 个重要的通信协议，即 Client Protocol、Client DataNode Protocol 和 DataNode Protocol。

7. 容错

HDFS 的设计目标之一是具有高容错性。集群中的故障主要有 Node Server 故障、网络故障和脏数据问题 3 类。

思考与练习

1. 简述 Metadata、NameNode、Secondary NameNode、DataNode、Client、块的概念。
2. 简述 HDFS 的特点。
3. 简述 HDFS 架构图（图 7 - 4）。

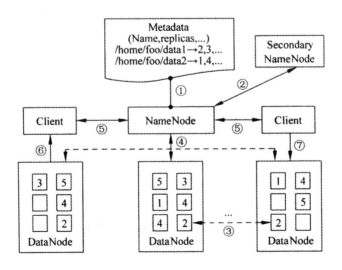

图 7 - 4　HDFS 架构图

4. 简述 HDFS 读操作工作原理（图 7-5）。

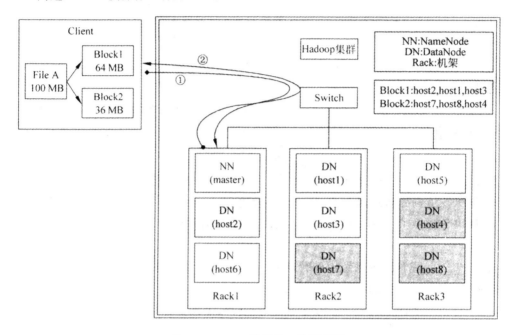

图 7-5　HDFS 读操作工作原理图

5. 简述 HDFS 写操作工作原理（图 7-6）。

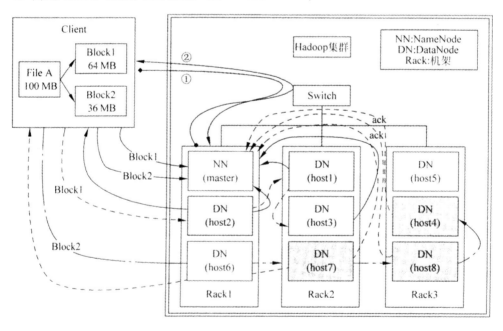

图 7-6　HDFS 写操作工作原理图

第 8 章

Spark

在大数据领域，Apache Spark（以下简称 Spark）通用并行分布式计算框架越来越受
人们的瞩目。Spark 适合各种迭代算法和交互式数据分析，能够提升大数据处理的实时性
和准确性，能够更快速地进行数据分析。

8.1 Spark 平台

Spark 和 Hadoop 都属于大数据的框架平台，而 Spark 是 Hadoop 的后继产品。由于
Hadoop 设计上只适合离线数据的计算以及在实时查询和迭代计算上的不足，已经不能满
足日益增长的大数据业务需求。因而 Spark 应运而生，Spark 具有可伸缩、在线处理、基
于内存计算等特点，解决了 Hadoop 存在的不足，并可以直接读写 Hadoop 上任何格式的
数据，人们完全可以这样认为，未来的大数据领域一定属于 Spark。

8.1.1 Spark 简介

Spark 是一个开源的通用并行分布式计算框架，2009 年由加州大学伯克利分校的
AMP 实验室开发，是当前大数据领域最活跃的开源项目之一。Spark 是基于 MapReduce
算法实现的分布式计算，拥有 MapReduce 所具有的优点；但不同于 MapReduce 的是将操

作过程中的中间结果保存在内存中，从而不再需要读写 HDFS，因此 Spark 能更好地适用于数据挖掘与机器学习等需要迭代的 MapReduce 算法。

Spark 也称为快数据，与 Hadoop 的传统计算方式 MapReduce 相比，效率至少提高 100 倍。比如逻辑回归算法在 Hadoop 和 Spark 上的运行时间对比，可以看出 Spark 的效率有很大的提升，如图 8－1 所示。

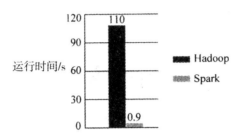

图 8－1　逻辑回归算法在 Hadoop 和 Spark 上的运行时间对比

Spark 框架还提供多语言支持，它不仅仅支持编写其源码的 Scala 语言，而且对现在非常流行的 Java 和 Python 语言也有着良好的支持。现在 Spark R 项目也在紧锣密鼓地开发中，不久之后的 Spark 版本也将对 R 语言进行很好的支持。

8.1.2　Spark 发展

Spark 的发展速度非常迅速。2009 年，Spark 诞生；2010 年，Spark 正式开源；2013 年成为 Apache 基金项目；2014 年成为 Apache 基金的顶级项目，整个过程不到 5 年时间。

从 2013 年 6 月到 2014 年 6 月，Spark 的开发人员从原来的 68 位增长到 255 位，参与开发的公司也从 17 家上升到 50 家。在这 50 家公司中，有来自中国的阿里巴巴、百度、网易、腾讯和搜狐等公司。当然，代码库的代码行也从原来的 63 000 行增加到 75 000 行。图 8－2 为截至 2014 年 Spark 的开发人员数量每个月的增长曲线。

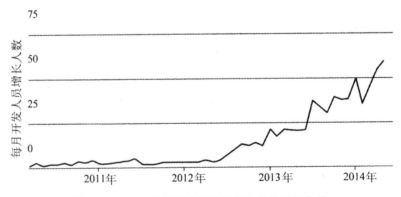

图 8－2　Spark 的开发人员数量每个月的增长曲线

Spark 广泛地应用在国内外各大公司，比如国外的谷歌、亚马逊、雅虎、微软和国内的百度、腾讯、爱奇艺、阿里等公司。如阿里巴巴将 Spark 应用在双十一购物节中，处理当中产生的大量实时数据；爱奇艺应用 Spark 对其业务量日益增长的视频服务提供数据分析和存储的支持；百度利用 Spark 进行大数据量网页搜索的优化的实践。随着各行业数据量的与日俱增，相信 Spark 会应用到越来越多的生产场景中去。

8.1.3　Scala 语言

Scala 语言是 Spark 框架的开发语言，是一种类似 Java 的编程语言，设计初衷是实现可伸缩的语言、并集成面向对象编程和函数式编程的各种特性。Spark 能成为一个高效的大数据处理平台，与其使用 Scala 语言编写是分不开的。尽管 Spark 支持使用 Scala、Java 和 Python 3 种开发语言进行分布式应用程序的开发，但是 Spark 对于 Scala 的支持却是最好的。因为这样可以和 Spark 的源代码进行更好的无缝结合，更方便地调用其相关功能。

Scala 在序列化、分布式框架、编码效率等多个方面都有着很好的兼容和支持，所以在构建大型软件项目和对复杂数据进行处理方面有着很大的优势。Scala 语言基于 JVM，因此 Scala 可以很好地支持所有 Java 代码和类库，并且可以在编写过程中随时调用和编写 Java 语句。Scala 不仅具有面向对象的特点，还具有函数式编程语言的特性。

8.2　Spark 与 Hadoop 的比较

Spark 是当前流行的分布式并行大数据处理框架，具有快速、通用、简单等特点。Spark 的提出在很大程度上是为了解决 Hadoop 在处理迭代算法上的缺陷。Spark 可以与 Hadoop 联合使用，增强 Hadoop 的性能。同时，Spark 还增加了内存缓存、流数据处理、图数据处理等更为高级的数据处理能力。

8.2.1　Hadoop 的局限与不足

Hadoop 框架中的 MapReduce 为海量的数据提供了计算，但是 MapReduce 存在以下局限，使用起来比较困难。

（1）抽象层次低，需要手工编写代码来完成，用户难以上手使用。

（2）只提供 Map 和 Reduce 两个操作，表达力欠缺。

（3）处理逻辑隐藏在代码细节中，没有整体逻辑。

（4）中间结果也放在 HDFS 文件系统中，中间结果不可见，不可分享。

（5）ReduceTask 需要等待所有 MapTask 都完成后才可以开始。

（6）延时长，响应时间完全没有保证，只适用批量数据处理，不适用于交互式数据处理和实时数据处理。

（7）对于图处理和迭代式数据处理性能比较差。

8.2.2 Spark 的优点

与 Hadoop 相比，Spark 真正的优势在于速度，除了速度之外，Spark 还有很多的优点，见表 8-1。

表 8-1 Hadoop 与 Spark 的对比

类别	Hadoop	Spark
工作方式	非在线、静态	在线、动态
处理速度	高延迟	比 Hadoop 快数十倍至上百倍
兼容性	开发语言：Java 语言最好在 Linux 系统下搭建，对 Windows 的兼容性不好	开发语言：以 Scala 为主的多语言对 Linux 和 Windows 等操作系统的兼容性都非常好
存储方式	磁盘	既可以仅用内存存储，也可以在磁盘上存储
操作类型	只提供 Map 和 Reduce 两个操作，表达力欠缺	提供很多转换和动作，很多基本操作如 Join、GroupBv 已经在 RDD 转换和动作中实现
数据处理	只适用数据的批处理，实时处理非常差	除了能够提供交互式实时查询外，还可以进行图处理、流式计算和反复迭代的机器学习等
逻辑性	处理逻辑隐藏在代码细节中，没有整体逻辑	代码不包含具体操作的实现细节，逻辑更清晰
抽象层次	抽象层次低，需要手工编写代码来完成	Spark 的 API 更强大，抽象层次更高
可测试性	不容易	容易

8.2.3 Spark 的速度比 Hadoop 快的原因分解

1. Hadoop 数据抽取运算模型

使用 Hadoop 处理一些问题诸如迭代式计算，每次对磁盘和网络的开销相当大。尤其每一次迭代计算都将结果要写到磁盘再读回来，另外计算的中间结果还需要 3 个备份。

Hadoop 中的数据传送与共享、串行方式、复制以及磁盘 I/O 等因素使得 Hadoop 集群在低延迟、实时计算方面表现有待改进。Hadoop 的数据抽取运算模型如图 8-3 所示。

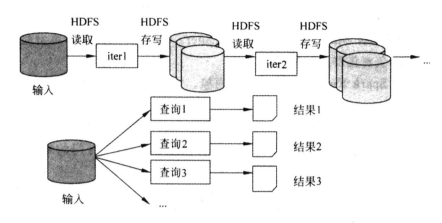

图 8-3　Hadoop 数据抽取运算模型

从图 8-3 中可以看出，Hadoop 中数据的抽取运算是基于磁盘的，中间结果也存储在磁盘上。所以，MapReduce 运算伴随着大量的磁盘的 I/O 操作，运算速度严重地受到了限制。

2. Spark 数据抽取运算模型

Spark 使用内存（RAM）代替了传统 HDFS 存储中间结果，Spark 的数据抽取运算模型如图 8-4 所示。

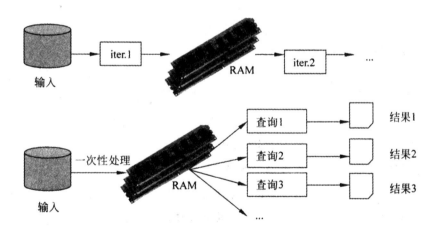

图 8-4　Spark 数据抽取运算模型

从图 8-4 中可以看出，Spark 这种内存型计算框架比较适合各种迭代算法和交互式数据分析。可每次将操作过程中的中间结果存入内存中，下次操作直接从内存中读取，省去了大量的磁盘 I/O 操作，效率也随之大幅提升。

8.3 Spark 处理架构及其生态系统

Spark 整个生态系统分为 3 层，如图 8-5 所示。

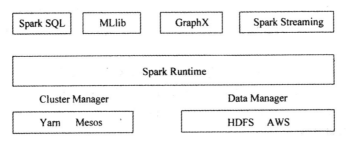

图 8-5 Spark 生态系统组成

从底向上分别为：

（1）底层的 Cluster Manager 和 Data Manager：Cluster Manager 负责集群的资源管理；Data Manager 负责集群的数据管理。

（2）中间层的 Spark Runtime，即 Spark 内核。它包括 Spark 的最基本、最核心的功能和基本分布式算子。

（3）最上层为 4 个专门用于处理特定场景的 Spark 高层模块：Spark SQL、MLlib、GraphX 和 Spark Streaming，这 4 个模块基于 Spark RDD 进行了专门的封装和定制，可以无缝结合，互相配合。

8.3.1 底层的 Cluster Manager 和 Data Manager

Cluster Manager 负责集群的资源管理；Data Manager 负责集群的分布式存储（数据管理）。

1. 集群的资源管理可以选择 Yarn、Mesos 等

Mesos 是 Apache 下的开源分布式资源管理框架，它被称为是分布式系统的内核。Mesos 根据资源利用率和资源占用情况，在整个数据中心内进行任务的调度，提供类似于 YARN 的功能。Mesos 内核运行在每个机器上，可以通过数据中心和云环境向应用程序（Hadoop、Spark 等）提供资源管理与资源负载的 API 接口。

2. 集群的数据管理可以选择 HDFS、AWS 等

Spark 支持 HDFS 和 AWS 两种分布式存储系统。亚马逊云计算服务（Amazon Web Services，AWS）提供全球计算、存储、数据库、分析、应用程序和部署服务；AWS 提供的云服务中支持使用 Spark 集群进行大数据分析。Spark 对文件系统的读取和写入功能是 Spark 自己提供的，借助 Mesos 分布式实现。

8.3.2　中间层的 Spark Runtime

Spark Runtime 包含 Spark 的基本功能，这些功能主要包括任务调度、内存管理、故障恢复以及和存储系统的交互等。Spark 的一切操作都是基于 RDD 实现的，RDD（Resilient Distributed Datasets）是 Spark 中最核心的模块和类，也是 Spark 设计的精华所在。

1. RDD 的概念

RDD 即弹性分布式数据集，可以简单地把 RDD 理解成一个提供了许多操作接口的数据集合，与一般数据集不同的是，其实际数据分布存储在磁盘和内存中。

对开发者而言，RDD 可以看作是 Spark 中的一个对象，它本身运行于内存中，如读文件是一个 RDD，对文件计算是一个 RDD，结果集也是一个 RDD，不同的分片、数据之间的依赖、Key-Value 类型的 Map 数据都可以看作是 RDD。RDD 是一个大的集合，将所有数据都加载到内存中，方便进行多次重用。

2. RDD 的操作类型

RDD 提供了丰富的编程接口来操作数据集合，一种是 Transformation 操作，另一种是 Action 操作。

（1）Transformation 的返回值是一个 RDD，如 Map、Filter、Union 等操作。它可以理解为一个领取任务的过程。如果只提交 Transformation 是不会提交任务来执行的，任务只有在 Action 提交时才会被触发。

（2）Action 返回的结果把 RDD 持久化起来，是一个真正触发执行的过程。它将规划以任务（Job）的形式提交给计算引擎，由计算引擎将其转换为多个 Task，然后分发到相应的计算节点，开始真正的处理过程。

Spark 的计算发生在 RDD 的 Action 操作，而对 Action 之前的所有 Transformation，Spark 只是记录 RDD 生成的轨迹，而不会触发真正的计算。

Spark 内核会在需要计算发生的时刻绘制一张关于计算路径的有向无环图（Directed Acyclic Graph，DAG）。举个例子，在图 8-6 中，从输入中逻辑上生成 A 和 C 两个 RDD，经过一系列 Transformation 操作，逻辑上生成了 F。注意，这时候计算没有发生，Spark 内核只记录了 RDD 的生成和依赖关系。当 F 要进行输出（进行了 Action 操作）时，Spark 会根据 RDD 的依赖生成 DAG，并从起点开始真正的计算。

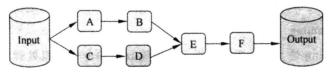

图 8-6　有向无环图 DAG 的生成

8.3.3　高层的应用模块

1. Spark SQL

Spark SQL 作为 Spark 大数据框架的一部分，主要用于结构化数据处理和对 Spark 数据执行类 SQL 的查询，并且与 Spark 生态的其他模块无缝结合。Spark SQL 兼容 SQL、Hive、JSON、JDBC 和 ODBC 等操作。Spark SQL 的前身是 Shark，而 Shark 的前身是 Hive。Shark 比 Hive 在性能上要高出一到两个数量级，而 Spark SQL 比 Shark 在性能上又要高出一到两个数量级。

2. MLlib

MLlib 是一个分布式机器学习库，即在 Spark 平台上对一些常用的机器学习算法进行了分布式实现，随着版本的更新，它也在不断地扩充新的算法。MLlib 支持多种分布式机器学习算法，如分类、回归、聚类等。MLlib 已经实现的算法见表 8 - 2。

表 8 - 2　MLlib 已经实现的算法

算法	功能
Classilication/Clustenng/Regressionilree	分类算法、回归算法、决策树、聚类算法
Optimization	核心算法的优化方法实现
Stat	基础统计
Feature	预处理
Evaluation	算法效果衡量
Linalg	基础线性代数运算支持
Recommendation	推荐算法

3. GraphX

GraphX 是构建于 Spark 上的图计算模型，GraphX 利用 Spark 框架提供的内存缓存 RDD、DAG 和基于数据依赖的容错等特性，实现高效健壮的图计算框架。GraphX 的出现使得 Spark 生态系统在大图处理和计算领域得到了更加的完善和丰富，同时其与 Spark 生态系统其他组件进行很好的融合，以及强大的图数据处理能力，使其广泛地应用在多种大图处理的场景中。

GraphX 实现了很多能够在分布式集群上运行的并行图计算算法，而且还拥有丰富的 API 接口。因为图的规模大到一定程度之后，需要将算法并行化，以方便其在分布式集群上进行大规模处理。GraphX 的优势就是提升了数据处理的吞吐量和规模。

4. Spark Streaming

Spark Streaming 是 Spark 系统中用于处理流数据的分布式流处理框架，扩展了 Spark 流式大数据处理能力。Spark Streaming 将数据流以时间片为单位进行分割形成 RDD，能够以相对较小的时间间隔对流数据进行处理。Spark Streaming 还能够和其余 Spark 生态的模块，如 Spark SQL、GraphX、MLlib 等进行无缝集成，以便联合完成基于实时流数据处理的复杂任务。

如果要用一句话来概括 Spark Streaming 的处理思路的话，那就是"将连续的数据持久化、离散化、然后进行批量处理"。

（1）数据持久化。将从网络上接收到的数据先暂时存储下来，为事件处理出错时的事件重演提供可能。

（2）数据离散化。数据源源不断地涌进，永远没有尽头。既然不能穷尽，那么就将其按时间分片。比如采用 1 min 为时间间隔，那么在连续的 1 min 内收集到的数据就集中存储在一起。

（3）批量处理。将持久化下来的数据分批进行处理，处理机制套用之前的 RDD 模式。

8.4　Spark 的应用

目前在互联网公司大数据主要应用在广告、报表、推荐系统等业务上。这些业务都需要大数据做应用分析、效果分析、定向优化等。这些应用场景的普遍特点是计算量大、反复操作的次数多、效率要求高，Spark 恰恰满足了这些要求。

8.4.1　Spark 的应用场景

Spark 可以解决大数据计算中的批处理、交互查询及流式计算等核心问题。Spark 还可以从多数据源读取数据，并且拥有不断发展的机器学习库和图计算库供开发者使用。Spark 的各个子模块以 Spark 内核为基础，进一步地支持更多的计算场景，例如，使用 Spark SQL 读入的数据可以作为机器学习库 MLlib 的输入。表 8-3 列举了 Spark 的应用场景。

表 8-3　Spark 的应用场景

应用场景	时间对比	成熟的框架	Spark
复杂的批量数据处理	小时级，分钟级	MapReduce（Hive）	Spark Runtime
基于历史数据的交互式查询	分钟级，秒级	MapReduce	Spark SQL
基于实时数据流的数据处理	秒级，秒级	Storm	Spark Streaming
基于历史数据的数据挖掘	分钟级，秒级	Mahout	Spark MLlib
基于增量数据的机器学习	分钟级	无	Spark Streaming＋MLlib
基于图计算的数据处理	分钟级	无	Spark GraphX

8.4.2 应用 Spark 的成功案例

Spark 的优势不仅体现性能的提升，Spark 框架还为批处理（Spark Core）、SQL 查询（Spark SQL）、流式计算（Spark Streaming）、机器学习（MLlib）、图计算（GraphX）提供一个统一的数据处理平台，这相对于使用 Hadoop 有很大的优势。已经成功应用 Spark 的典型案例如下：

1. 腾讯

为了满足挖掘分析与交互式实时查询的计算需求，腾讯大数据使用了 Spark 平台来支持挖掘分析类计算、交互式实时查询计算以及允许误差范围的快速查询计算。目前腾讯大数据拥有超过 200 台的 Spark 集群。

腾讯大数据精准推荐借助 Spark 快速迭代的优势，围绕"数据＋算法＋系统"这套技术方案，实现了在"数据实时采集、算法实时训练、系统实时预测"的全流程实时并行高维算法，最终成功应用于广点通上，支持每天上百亿的请求量。

2. Yahoo

在 Spark 技术的研究与应用方面，Yahoo 始终处于领先地位，它将 Spark 应用于公司的各种产品之中。移动 App、网站、广告服务、图片服务等服务的后端实时处理框架均采用了 Spark 的架构。

Yahoo 选择 Spark 基于以下几点进行考虑：

（1）进行交互式 SQL 分析的应用需求。

（2）RAM 和 SSD 价格不断下降，数据分析实时性的需求越来越多，大数据急需一个内存计算框架进行处理。

（3）程序员熟悉 Scala 开发，学习 Spark 速度快。

（4）Spark 的社区活跃度高，开源系统的 Bug 能够更快地解决。

（5）可以无缝将 Spark 集成进现有的 Hadoop 处理架构。

3. 淘宝

淘宝技术团队使用了 Spark 来解决多次迭代的机器学习算法、高计算复杂度的算法等，将 Spark 运用于淘宝的推荐相关算法上，同时还利用 GraphX 解决了许多生产问题，比如：

（1）Spark Streaming。淘宝在云梯构建基于 Spark Streaming 的实时流处理框架。Spark Streaming 适合处理历史数据和实时数据混合的应用需求，能够显著提高流数据处理的吞吐量。其对交易数据、用户浏览数据等流数据进行处理和分析，能够更加精准、快速地发现问题和进行预测。

（2）GraphX。淘宝将交易记录中的物品和人组成大规模图。使用 GraphX 对这个大图进行处理（上亿个节点，几十亿条边）。GraphX 能够和现有的 Spark 平台无缝集成，减少多平台的开发代价。

4. 优酷土豆

优酷土豆作为国内最大的视频网站，和国内其他互联网巨头一样，率先看到大数据对公司业务的价值，早在 2009 年就开始使用 Hadoop 集群，随着这些年业务迅猛发展，优酷土豆又率先尝试了仍处于大数据前沿领域的 Spark 内存计算框架，很好地解决了机器学习和图计算多次迭代的瓶颈问题，使得公司大数据分析更加完善。

据了解，优酷土豆采用 Spark 大数据计算框架得到了英特尔公司的帮助，起初优酷土豆并不熟悉 Spark 以及 Scala 语言，英特尔公司帮助优酷土豆设计出具体符合业务需求的解决方案，并协助优酷土豆实现了该方案。此外，英特尔公司还给优酷土豆的大数据团队进行了 Scala 语言、Spark 的培训等。

思考与练习

1. 简述 Hadoop 的框架中的 MapReduce 的优点与不足。

2. 与 Hadoop 进行比较，Spark 在工作方式、处理速度、存储方式和兼容性等方面有哪些优点?

3. 从数据抽取运算模型进行分解，说明 Spark 的速度比 Hadoop 快的原因。

4. Spark 整个生态系统分为哪 3 层?

5. 什么是 RDD?

6. 什么是 RDD 的 Transformation 操作和 Action 操作?

7. 通过图 8 - 7，简述 DAG 的定义及 DAG 是如何生成的。

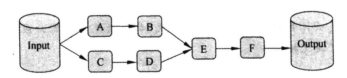

图 8 - 7　有向无环图 DAG 的生成

8. 什么是 Spark SQL?

9. 什么是 GraphX?

10. 什么是 Spark Streaming 的数据持久化、离散化和批量处理?

第 9 章

大数据可视化

在大数据时代，人们不仅处理着海量的数据，同时还要对这些数据进行加工、传播和分享等。当前，实现这些形式的最好方法是大数据可视化。大数据可视化让数据变得更加可信，它像文字一样，为人们讲述着各种各样的故事。

9.1　大数据可视化概述

众所周知，人们描述日常行为、行踪、喜欢做的事情等时，这些无法量化的数据量是大得惊人的。很多人说大数据是由数字组成的，而有些时候数字是很难看懂的。而数据可视化可以让人们与数据交互，其超越了传统意义上的数据分析。数据可视化给人们的生活带来了演讲，让人们对枯燥的数字产生了兴趣。

人们如何得到干净和有用的可视化数据呢？它会消耗人们多少时间呢？答案就是：人们只需选择正确的数据可视化工具，这些工具可以帮助人们在几分钟之内将所有需要的数据可视化。

9.1.1　数据可视化与大数据可视化

数据可视化是关于数据的视觉表现形式的科学技术研究。其中，数据的视觉表现形式被定义为以某种概要形式抽提出来的信息，包括相应信息单位的各种属性和变量。

人们常见的那些柱状图、饼图、直方图、散点图等是最原始的统计图表，也是数据可视化最基础、最常见的应用。因为这些原始统计图表只能呈现数据的基本信息，所以当面对复杂或大规模结构化、半结构化和非结构化数据时，数据可视化的设计就要复杂很多。

因此，大数据可视化可以理解为数据量更加庞大，结构更加复杂的数据可视化。例如，图 9-1 展示的是非洲大型哺乳动物种群的稳定性和濒危状况。图中面朝左边的动物数量正在不断减少，而面朝右边的动物状况则比较稳定。所以，在数据急剧增加的背景下，数据可视化将推动大数据更为广泛的应用就显得尤为重要。

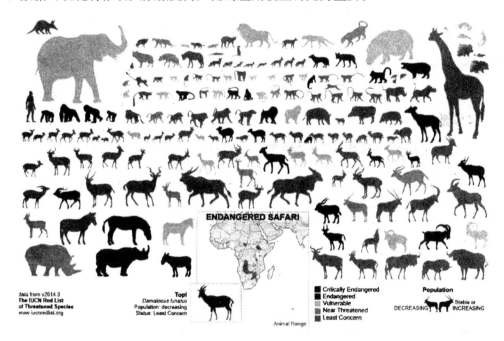

图 9-1　非洲大型哺乳动物种群的稳定性和濒危状况

综合以上描述，现将大数据可视化与数据可视化做比较，见表 3-1。

表 9-1　大数据可视化与数据可视化的比较

	大数据可视化	数据可视化
数据类型	结构化、半结构化、非结构化	结构化
表现形式	多种形式	主要是统计图表
实现手段	各种技术方法、工具	各种技术方法、工具
结果	发现数据中蕴含的规律特征	注重数据及其结构关系

9.1.2 大数据可视化的过程

大数据可视化的过程主要有以下 9 个方面。

1. 数据的可视化

数据可视化的核心是采用可视化元素来表达原始数据，例如，通常柱状图利用柱子的高度，反映数据的差异。图 9-2 中显示的是中国电信区域人群检测系统，其中利用柱状图显示年龄的分布情况，利用饼图显示性别的分布情况。

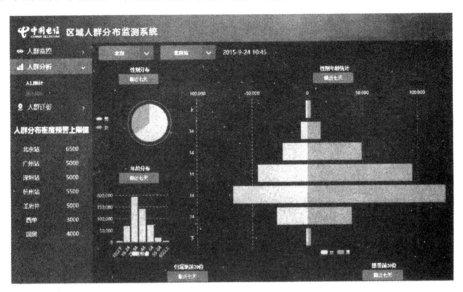

图 9-2 区域人群检测系统

2. 指标的可视化

在可视化的过程中，采用可视化元素的方式将指标可视化，会将可视化的效果增色很多。例如，对 QQ 群大数据资料进行可视化分析时，数据用各种图形的方式展示，图 9-3 中显示的是将近 100G 的 QQ 群数据，通过数据可视化把数据作为点和线连接起来，其中企鹅图标的节点代表 QQ，群图标的节点代表群，每条线代表一个关系，一个 QQ 可以加入 N 个群，一个群也可以有 N 个 QQ 加入。线的颜色分别代表：黄色为群主；绿色为群管理员；蓝色为群成员。群主和管理员的关系线比普通的群成员关系线长一些，这是为了突出群内的重要成员的关系。

3. 数据关系的可视化

数据关系往往也是可视化数据核心表达的主题。例如，图 9-4 中研究操作系统的分布，其中显示的是将 Windows 比喻成太阳系，将 Windows XP、Window 7 等比喻成太阳系中的行星；其他系统比喻成其他星系。通过这幅图，人们就可以很清晰地看出数据之间的关系。

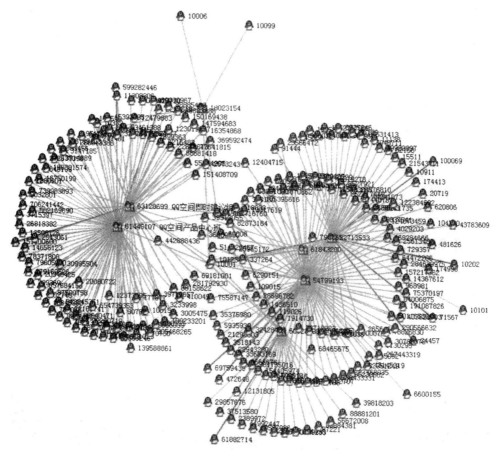

图 9 - 3 对 QQ 群大数据资料进行可视化分析

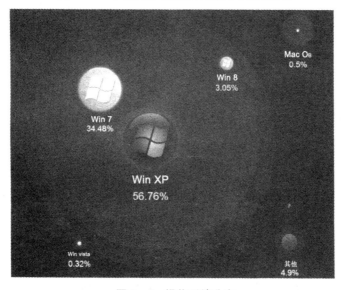

图 9 - 4 操作系统分布

4. 背景数据的可视化

很多时候，光有原始数据是不够的，因为数据没有价值，信息才有价值。例如，设计师马特·罗宾森（Matt Robinson）和汤姆·维格勒沃斯（Tom Wrigglesworth）用不同的圆珠笔、字体写"Sample"这个单词。因为不同字体使用墨水量不同，所以每支笔所剩的墨水也不同。于是就产生了这幅有趣的图（图 9 - 5），在这幅图中不再需要标注坐标系，因为不同的笔及其墨水含量已经包含了这个信息。

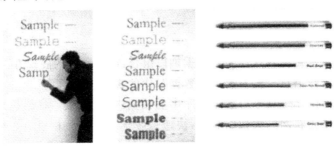

图 9 - 5　马特·罗宾森和汤姆·维格勒沃斯的"字体测量"

5. 转换成便于接受的形式

数据可视化的功能包括数据的记录、传递和沟通，之前的操作实现了记录和传递，但是沟通可能还需要优化，这种优化包括按照人的接受模式、习惯和能力等进行综合改进，这样才能更容易地被人们接受。例如，做一个关于"销售计划"的可视化产品，原始数据是销售额列表，采用柱状图来表达；在图表中增加一条销售计划线来表示销售计划数据；最后在销售计划线上增加勾和叉的符号，来表示完成和未完成计划，如此看图表的人更容易接受。

6. 聚焦

所谓聚焦就是利用一些可视化手段，把那些需要强化的小部分数据和信息按照可视化的标准进行再次处理。

很多时候数据、信息、符号对于接受者而言是超负荷的，这时人们就需要在原来的可视化结果基础上再进行聚焦。在上述的"销售计划"中，假设这个图表重点是针对没有完成计划的销售员的，那么我们可以强化"叉"是红色的。如果柱状图中的柱是黑色，勾也是黑色，那么红色的叉更为显眼。

7. 集中或者汇总展示

对这个"销售计划"可视化产品来说，还有很大的完善空间。例如，为了让管理者更好地掌握情况，人们可以增加一张没有完成计划的销售人员数据表，这样管理者在掌控全局的基础上还可以很容易地抓住所有焦点，进行逐一处理。

8. 收尾的处理

在之前的基础上，人们还可以进一步修饰。这些修饰是为了让可视化的细节更为精准、甚至优美，比较典型的操作包括设置标题、表明数据来源、对过长的柱子进行缩略处理、进行表格线的颜色设置、各种字体、图素粗细、颜色设置等。

9. 完美的风格化

所谓风格化就是标准化基础上的特色化，最典型的如增加企业或个人的 LOGO，让人们知道这个可视化产品属于哪个企业、哪个人。而真正做到风格化，还是有很多不同的操作，例如，布局、用色，典型的图标，甚至动画的时间、过渡等，从而让人们更直观地理解和接受。

9.2　大数据可视化工具

现在已经出现了很多大数据可视化工具，从最简单的 Excel 到基于在线的数据可视化工具、三维工具、地图绘制工具以及复杂的编程工具等，正逐步地改变着人们对大数据可视化的认识。

9.2.1　大数据可视化工具的特性

传统的数据可视化工具仅仅是将数据加以组合，通过不同的展现方式提供给用户，用于发现数据之间的关联信息。随着云和大数据时代的来临，数据可视化产品已经不再满足于使用传统的数据可视化工具来对数据仓库中的数据进行抽取、归纳并简单的展现。数据可视化产品必须满足互联网的大数据需求，快速地收集、筛选、分析、归纳、展现决策者所需要的信息，并根据新增的数据进行实时更新。因此，在大数据时代，数据可视化工具必须具有以下特性：

1. 实时性

数据可视化工具必须适应大数据时代数据量的爆炸式增长需求，快速地收集和分析数据，并对数据信息进行实时更新。

2. 简单操作

数据可视化工具满足快速开发、易于操作的特性，能满足互联网时代信息多变的特点。

3. 更丰富的展现方式

数据可视化工具需具有更丰富的展现方式，能充分地满足数据展现的多维度要求。

4. 多种数据集成支持方式

数据的来源不仅仅局限于数据库，数据可视化工具将支持团队协作数据、数据仓库、文本等多种方式，并能够通过互联网进行展现。

9.2.2 常用的大数据可视化工具

9.2.2.1 Tableau

1. 概述

Tableau 是一款功能非常强大的可视化数据分析软件，其定位在数据可视化的商务智能展现工具，可以用来实现交互的、可视化的分析和仪表板分析应用。与 Tableau 这个词汇的原意"画面"一样，它带给用户美好的视觉感官。

Tableau 的特性主要包括以下 6 个方面：

（1）自助式 BI（Bussiness Intelligence，商业智能），IT 人员提供底层的架构，业务人员创建报表和仪表板。Tableau 允许操作者将表格中的数据转变成各种可视化的图形、强交互性的仪表板并共享给企业中的其他用户。

（2）友好的数据可视化界面，操作简单，用户通过简单的拖曳发现数据背后所隐藏的业务问题。

（3）与各种数据源之间实现无缝连接。

（4）内置地图引擎。

（5）支持两种数据连接模式，Tableau 的架构提供了两种方式访问大数据量，即内存计算和数据库直连。

（6）灵活的部署，适用于各种企业环境。

Tableau 拥有全球一万多客户，分布在 100 多个国家和地区，应用领域遍及商务服务、能源、电信、金融服务、互联网、生命科学、医疗保健、制造业、媒体娱乐、公共部门、教育和零售等各个行业。

Tableau 有桌面版和服务器版。桌面版包括个人版开发和专业版开发。个人版开发只适用于连接文本类型的数据源；专业版开发可以连接所有数据源。服务器版可以将桌面版开发的文件发布到服务器上，共享给企业中其他的用户访问；能够方便地嵌入到任何门户或者 Web 页面中。

Tableau 支持的数据接口多达 24 种，其中常见的数据接口见表 9-2。

表 9-2 Tableau 的常见数据接口

数据接口	说明
Microsoft Excel	可以进行各种数据的处理、统计分析和辅助决策操作的软件
Microsoft Access	微软发布的关系数据库管理系统
Text files	文本文件
Aster Data nCluster	一个大型数据管理和数据分析的新平台
Microsoft SQL Server	关系型数据库管理系统，使用集成的商业智能工具提供了企业级的数据管理

数据接口	说明
MySQL	关系型数据库管理系统,在 Web 应用方面表现最好
Oracle	关系数据库管理系统,系统可移植性好、使用方便、功能强,适用于各类大、中、小、微机环境
IBM DB2	关系型数据库管理系统,主要应用于大型应用系统,具有较好的可伸缩性,可支持从大型机到单用户环境,应用于所有常见的服务器操作系统平台下
Hadoop Hive	基于 Hadoop 的一个数据仓库工具,可以将结构化的数据文件映射为一张数据库表,并提供简单的 SQL 查询功能,可以将 SQL 语句转换为 MapReduce 任务进行运行

2. Tableau 入门操作

下面将介绍 Tableau 的入门操作,使用软件自带的示例数据,介绍如何连接数据、创建视图、创建仪表板和创建故事。

(1) 连接数据。启动 Tableau 后要做的第一件事是连接数据。

①选择数据源。在 Tableau 的工作界面的左侧显示可以连接的数据源,如图 9-6 所示。

图 9-6 Tableau 的工作界面

②打开数据文件。这里以 Excel 文件为例，选择 Tableau 自带的"超市.xls"文件，图 9-7 所示为打开文件后的工作界面。

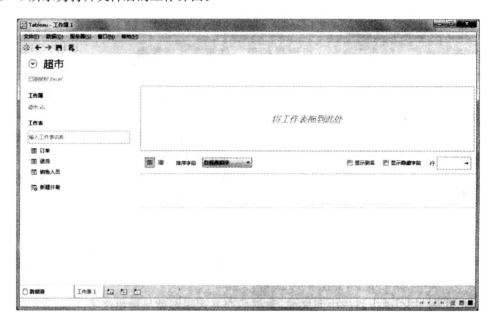

图 9-7　打开的"超市.xls"文件

③设置连接。超市.xls 中有 3 个工作表，将工作表拖至连接区域就可以开始分析数据了。例如，将"订单"工作表拖至连接区域，然后单击工作表选项卡开始分析数据，如图 9-8 所示。

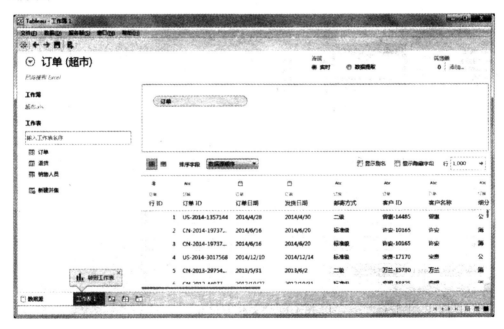

图 9-8　"订单"工作表拖至联接区域

（2）构建视图。连接到数据源之后，字段作为维度和度量显示在工作簿左侧的数据窗格中，将字段从数据窗格拖放到功能区来创建视图。

①将维度拖至行、列功能区。单击图9-8下面的"工作表1"切换到数据窗格。例如，将窗格左侧中"维度"区域里的"地区"和"细分"拖至行功能区，"类别"拖至列功能区，如图9-9所示。

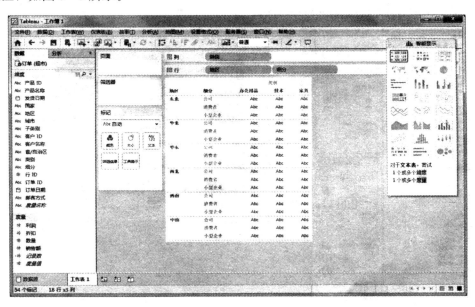

图9-9 数据窗格

②将度量拖至"文本"。例如，将数据窗格左侧中"度量"区域里的"销售额"拖至窗格"标记"中的"文本"标记卡上，如图9-10所示。

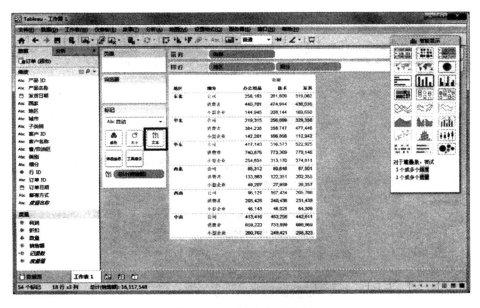

图9-10 "文本"标记卡

这时，在图9-10中窗格的中间区域，数据的交叉表视图就呈现出来了。

③显示数据。将图9-10"标记"卡中"总计（销售额）"拖至列功能区，数据就会以图形的方式显示出来，如图9-11所示。

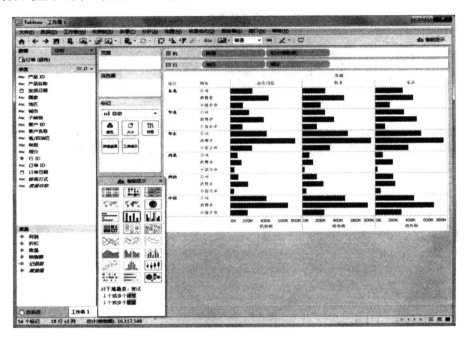

图 9-11　显示数据

从数据窗格"维度"区域中将"地区"拖至"颜色"标记卡上，不同地区的数据就会以不同的颜色显示，从而可以快速挑出业绩最好和最差的产品类别、地区和客户细分，如图9-12所示。

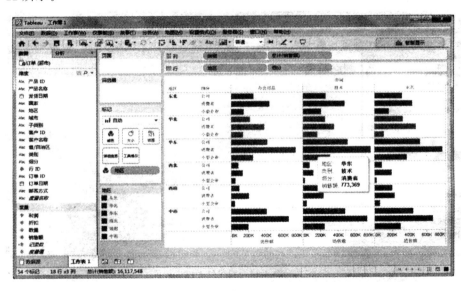

图 9-12　使用颜色显示更多数据

当鼠标在图形上移动时，会显示与之对应的相关数据，如图 9-12 中白色浮动框。

对于数据的显示图形还可以进行修改，单击图 9-12 工具栏右侧的"智能显示"按钮，打开"智能显示"窗格，如图 9-13 所示。在"智能窗格"中凡是变亮的按钮均为当前数据所使用，例如，这里就是"文本表""压力图""突出显示表""饼图"等 12 个图形可以使用。

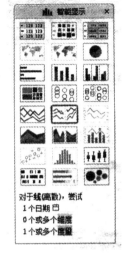

图 9-13　智能显示

（3）创建仪表板。当对数据集创建了多个视图后，就可以利用这些视图组成单个仪表板。

①新建仪表板。单击"新建仪表板"按钮，打开仪表板。然后在"仪表板"的"大小"列表中适当调整大小。

②添加视图。将仪表板中显示的视图依次拖入编辑视图中。将"销售地图"放在上方，"销售客户细分"和"销售产品细分"分别放在下方。

（4）创建故事。使用 Tableau 故事点，可以显示事实间的关联、提供前后关系，以及演示决策与结果间的关系。

单击菜单命令"故事"→"新建故事"，打开故事视图。从"仪表板和工作表"区域中将视图或仪表板拖至中间区域。

在导航器中，单击故事点，可以添加标题。单击"新空白点"按钮添加空白故事点，继续拖入视图或仪表板。单击"复制"按钮创建当前故事点的副本，然后可以修改该副本。

（5）发布工作簿。

①保存工作簿。可以通过"文件"→"保存"或者"另存为"命令来完成，或者单击工具栏中的"保存"按钮。

②发布工作簿。可以通过"服务器"→"发布工作簿"来实现。

对于 Tableau 工作簿的发布方式有多种，如图 9-14 所示，其中分享工作簿最有效的方式是发布到 Tableau Online 和 Tableau Server。Tableau 发布的工作簿是最新、安全、完全交互式的，可以通过浏览器或移动设备观看。

通过以上 5 个操作，可以创建最基本的可视化产品。但是 Tableau 的功能却远远不止这些，如果需要掌握其更多的操作和功能，还需要进一步的学习，才能真正对海量的数据进行更加复杂的可视化设计。

大数据可视化是一个崭新的领域，可视化研究的重点在于仔细研究数据，讲出大多数人从不知晓但却渴望听到的好故事，从而了解它们背后蕴含的信息。读者通过本章的学习，可以对大数据可视化有一个基本的了解，为进一步学习大数据可视化打下理论基础。

图 9 - 14　工作簿发布

9.2.2.2　Google Chart

Google Chart 提供了一种非常完美的方式来可视化数据，它属于在线工具，提供了大量现成的图表类型，从简单的线图表到复杂的分层树、地图等都有。它还内嵌了动画和用户交互控制。

除此之外，Google 还提供了一系列免费的可视化组件，下面介绍它的几个主要组件。（注：Google 在线应用正在不断更新。）

Google Chart API 让用户能通过 URL 传递参数，生成动态的图表和图片。该 API 可以产生各种各样的图表，如饼图、地图、QR 码和文氏图等。所有描述图片的参数都包含在 URL 中。部分图表的 URL 可以采用 Chart Wizard 快捷地生成，生成的 URL 可以嵌入 <img> 标签中。

Google Visualization API 是对 Google Chart API 的补充和提升，它可以用来开发更高级的网络版的交互图表和图片，可以直接从 Google Docs 平台等在线数据库中获取图表的数据。GoogleVisualization API 生成的图表有丰富的交互性，用户可以直接编码来处理事件，实现更好的网页效果。用户可以编写 JavaScript 和 HTML 或者通过 Google Gadget 的小工具来设计自己的想要的报告和交互界面，可视化地分析、显示数据。Google Visualization API 也可以让用户创建、分享和重用开发者社区构建的可视化工具。

Google Ngram Viewer 可以查询并可视化某个单词或词组在过去几百年的书中出现的频率。基于 Google 富于争议而雄心勃勃的图书数字化计划获取的海量数据，Ngram Viewer 引擎可以分析词汇在海量图书中使用的频率和使用概率的历史变化趋势。

Google Analytics 是用来分析网站流量和用户行为的工具。该工具会跟踪并且记录用户在网站上的访问行为、行为统计、用户地理位置等各种信息，最终的结果以可视化的形式呈现在交互界面上，这些可视化的形式包括条状图、折线图、火花线、饼图、运动图和区域地图等。

9.2.2.3　Highcharts

1. 简介

Highcharts 是一个用纯 JavaScript 编写的一个图表库，能够简单便捷地在 Web 网站或是 Web 应用程序添加有交互性的图表，并且免费提供给个人学习、个人网站和非商业用途使用。HighCharts 支持的图表类型有曲线图、区域图、柱状图、饼状图、散状点图和综合图表。

2. HighCharts 的主要特性

（1）兼容性。HighCharts 采用纯 JavaScript 编写，兼容当今大部分的浏览器，包括 Safari、IE 和火狐等。

（2）图表类型。HighCharts 支持图表类型，包括曲线图、区域图、柱状图、饼状图、散状点图和综合图表等，可以满足各种需求。

（3）不受语言约束。HighCharts 可以在大多数的 Web 开发中使用，并且对个人用户免费，支持 ASP、PHP、JAVA、.NET 等多种语言。

（4）提示功能。HighCharts 生成的图表中，可以设置在数据点上显示提示效果，即将鼠标移动到某个数据点上，可以显示该点的详细数据，并且可以对显示效果进行设置。

（5）放大功能。HighCharts 可以大量数据集中显示，并且可以放大某一部分的图形，将图表的精度增大，进行详细的显示，可以选择横向或者纵向放大。

（6）时间轴。可以精确到毫秒。

（7）导出。表格可导出为 PDF、PNG、JPG、SVG 格式。

（8）输出。网页输出图表。

（9）可变焦。选中图表部分放大，近距离观察图表。

（10）外部数据。从服务器载入动态数据。

（11）文字旋转。支持在任意方向的标签旋转。

思考与练习

1. 比较数据可视化和大数据可视化。
2. 简述大数据可视化的过程。
3. 简述大数据可视化工具的特性。
4. 简述在 Tableau 中如何连接数据。
5. 简述在 Tableau 中如何创建故事。

▶第 10 章

大数据应用案例

激烈的商业世界正在迎来一场由数据驱动的大变革，而这场革命和人类经历过的若干次产业革命最大的不同在于：它发生得悄无声息。沃尔玛利用天气预报来提前安排商场里的货架布置，并根据经济数据来设计打折促销的计划；网上约会网站 Match.com 利用用户的网页访问习惯来判断谁和谁可能会对上眼；谷歌发布的房屋价格搜索的曲线图已经被证明比政府机构发布的房屋价格指数更精确地反映了房地产市场的冷暖。各行各业的一些先行者们已经从大数据中尝到了甜头，而越来越多的后来者都希望借助云计算和大数据的这一波浪潮去撬动原有市场格局或开辟新的商业领域。也正因如此，麦肯锡称大数据将会是传统四大生产要素（劳动力、土地、资本、企业家才能）之后的第五大生产要素。

大数据时代的商业革命风起云涌，如何善用大数据作为杠杆来驱动市场营销、成本控制、客户管理、产品创新和企业决策，进而激励新的商业模式和创造新的商业价值，是这个时代给予人们的机遇，也是挑战。

对于 eBay、Zynga 等提供互联网服务的企业来说，是否能让用户长期使用自己的服务是胜败的关键。为此，需要在提升自己的网站和服务的用户体验方面倾注大量的心血。这些企业往往会倾尽全力对网站上的链接布局、配色等细节逐一进行调整，并彻底去除不好的版块。如果用户的退出率能够减少哪怕几个百分点，由于用户的基数庞大，也会对营业额产生巨大的影响。

由于存储的数据由抽样数据变成了全体数据，必然会带来数据量的剧增，但通过在 Hadoop 和分析型数据库等方面积极进行投资，这一问题可以得到解决。

10.1　大都市的智能交通

国际化大都市普遍遇到的顽症之一是交通拥堵（图 10 - 1）。据中国社会科学研究院数量经济与技术经济研究所测算，北京市每天因为堵车造成的社会成本达到 4 000 万元，核算下来相当于每年损失 146 亿元。美国交通运输署发布的报告称，交通堵塞使美国人每年浪费 37 亿 h；因道路拥堵，各种交通工具平均每年白白烧掉 100 亿 L 燃油，相当于每个驾车人每年缴纳 850～1 600 美元的交通堵塞税。即便在城市交通管理上一直作为范本的伦敦，乘客平均每年也有 661 h 浪费在堵车中，相当于每人次上下班产生了 15.19 英镑的额外成本。

图 10 - 1　堵车

关于根治交通顽疾，各国各地区都动了不少脑筋，除了扩张道路基础建设，鼓励公共交通，发展城市快速道和轨道交通外，近些年，如伦敦、新加坡、上海这样的超大规模城市，还实践了诸如收取城区拥堵费和限制私家牌照等措施，这样的疏堵结合也的确取得了一定的成效。伴随着信息技术的迅猛发展，城市管理者开始借助计算机系统来提升城市交通效率，在这当中，数据扮演了关键角色。

美国旧金山湾区的快速交通系统（BART，图 10 - 2）已有大约 40 年的历史，作为硅谷地区这一美国最繁忙地区的核心交通系统，它担负了巨大的运输承载压力，平均每天大约有 40 万人的客流量。借助硅谷地区得天独厚的技术优势，作为运营方的加州政府决定做一项大胆的尝试——将交通系统运营数据开放给大众。

图 10-2 旧金山湾区的 BART

运营方对整个古老的运营系统进行了现代化的信息系统改造，所有列车、车站及管线道路设备的信息都被数字化，并被汇集到统一的数据平台上，以 API（应用程序编程接口）的方式提供给内外部的各种系统和软件调用。很快，旧金山湾区的乘客们发现他们能够从 BART 的网站上查到各条线路的运营时刻表，到后来甚至连诸如哪个站有星巴克，哪条线路有故障都能被一一查阅。伴随着智能手机的跃进式发展，开始有手机开发者利用这些数据开发各种移动应用，这带来了对数据访问需求的急剧增加。

BART 的技术专家借鉴了谷歌云平台的设计和运营经验，将整套数据平台移植到了能提供弹性计算能力的云服务上，并通过分发数据访问者的授权码来协调和管理自己的数据平台。很快这些投资不仅提升了应用访问数据的速度，更重要的是一些变化改变了这个行业的思维。由于交通系统的数据远比电视台、电台里的预报更实时、更可靠，越来越多的乘客使用各种智能移动应用来规划自己的出行，当遇到交通高峰或线路故障时，人们会根据自己得到的第一手资料来调整自己的线路。BART 的管理者发现整个运输系统的满意度得到了大幅提升，同时和 Embark 这样的应用开发商合作，BART 获得了更多的来自乘客出行行为的数据，这反过来帮助他们更好地安排时刻表和发车间隔。

在未来的社会，城市的管理者将不可避免地依赖数据来作为他们实施规则的事实基础。

10.2　互联网企业对大数据的运用

在对大数据的运用方面，拥有较长历史的莫过于以亚马逊（Amazon，图 10-3）为代表的电子商务企业了。亚马逊基于大量购买历史记录和点击流数据，做出"购买了本商品的顾客还购买了……"的商品推荐功能，这种做法现在已经随处可见了，但像这样为客户推荐合适的商品，过去只有经验丰富的销售人员和熟悉客户的店员才能做到，是"具有人类属性”的行为，现在却能够由计算机来自动完成，这一点具有划时代意义。

图 10‐3　电子商务的代表企业——亚马逊（Amazon）

Facebook（脸谱）及主要面向商业用户的 LinkedIn（领英），可以算是在大数据运用方面取得显著成果的企业代表。毋庸置疑，在 SNS（Social Network Software，社会性网络软件）业务的运营上，最重要的就是人脉。如果一个用户注册后，发现上面一个认识的人都没有，那么这个用户可能很快就会注销账号，或者是很久都不会再登录了。因此，SNS 方面最为重视的，就是不断提高“也许您还认识……”功能的精确度。因为如果用户在寻找好友或熟人上需要花太多的时间和精力，对 SNS 业务就会带来很大的负面影响。

在全世界 200 个国家拥有 1.5 亿用户的 LinkedIn，在好友推荐功能上采用的算法非常原始，即：如果 A 和 B 是朋友，B 和 C 是朋友，则 A 认识 C 的可能性很大。然而，虽然 LinkedIn 的用户数不及 Facebook，但也达到了与日本总人口相当的规模，从如此多的用户中找到熟人，就好像是大海捞针一般，其难度是超乎想象的。

Facebook 则十分重视“您可能还认识……”这个功能，对用户找到好友所需要的时间进行监控。通过运用精准的用户追踪技术和分析技术，Facebook 掌握了一个规律，即如果一个用户能够在一定时间内找到一定数量以上的好友，则该用户就很可能会长期使用Facebook。因此，Facebook 为了能够让新用户尽早找到一定数量的好友，在服务的设计上倾注了大量的心血。

在线 DVD 租赁公司 Netflix 也采取了和 Facebook 相同的策略。当用户注册时，Netflix 会强烈推荐用户在"想看的电影清单"中添加几部电影作品。因为该公司的数据团队通过数据分析发现，顾客在"想看的电影清单"中添加的作品数量与会员签约时间存在相关性。也就是说，当用户在"想看的电影清单"中添加的作品数量超过一定值（可能是 10 部或者 20 部）时，就会长期继续签约成为该网站的会员，这也就意味着他们可以为公司带来收益。Netflix 通过运用这一数据对服务进行设计，使得新用户在"想看的电影清单"中添加的电影数量能够尽量超过这一"魔法数字"，并进行反复测试，对用户行为是否符合设计意图进行持续监控。

Google 也是以大数据为武器的重要企业，其强大之处在于，它能够利用"搜索历史记录"这一在用户看来毫无用处的"数据垃圾"，接二连三地推出有价值的新服务，如智能关键字修正、手写输入、Google 翻译和语音搜索等。这些功能和服务的共同点在于统计学的学习方法。在模式识别的世界中有这样一句话：大量的数据往往要胜于优秀的算法。这句话的意思是，相比用复杂的算法来识别每一条新输入的数据来说，对大量存储的正确数据进行分析，在统计学上往往能够得出最合适的结果。而刚才列举的 Google 的各种功能和服务恰恰印证了这一点。

智能关键字修正功能（您要搜索的是……）是对每月 900 亿次的搜索记录进行分析，找出用户在搜索时可能打错的，或者是输入法转换错的关键字，以及之后又重新输入的，或者是用户点击的正确的关键字，通过机器学习的方式来进行分析处理。

关于 Google 翻译，在 Google 翻译主页上的常见问题解答中进行了如下说明：

（1）Google 是否开发了自己的翻译软件？

是的。Google 的研究小组已针对目前在 Google 翻译中提供的语言对，开发出了自己的统计翻译系统。

（2）什么是统计机器翻译？

人们当今使用的大多数最新商用机器翻译系统都是采用基于规则的方法开发的，这些系统需要进行大量定义词汇和语法的工作。

Google 系统采用不同的方法：将数十亿字词输入计算机，既有目标语言的单一语言文本，又有包含不同语言之间人工翻译示例的对应文本。然后，应用统计学习技术构建翻译模型。在研究评估中获得了非常好的结果。

（3）翻译质量没有达到我期望的水平。可以翻译得更准确一些吗？

为了提高质量，我们需要大量双语文本。如果您有大量双语或多语文本并且愿意提供给我们，请与我们联系。

可以看出，"大量"是这段说明中的关键词。以搜索引擎为首，包括翻译、语音搜索等各种服务，Google 都是免费提供的，其中一个理由就是为了收集大量的样本数据。

10.3　互联网竞拍公司——eBay

数据仓库领域的头牌厂商 Teradata，为其客户中使用物理容量超过 1 PB 的大规模数据仓库的用户企业成立了一个 Petabyte Club（PB 俱乐部），其成员包括美国银行、沃尔玛、戴尔和 AT&T 等各行业中的顶级企业，而其中数据量排名第一的，则是互联网竞拍公司 eBay（图 10 - 4）。eBay 在全世界拥有超过 2.7 亿名注册会员，可以说是世界上最大的网上竞拍公司。

图 10 - 4　数据仓库领域的领头羊——eBay

50 TB——这是每天从 eBay 网站上产生并存储到数据仓库中的数据量。单单说 50 TB 这个数字，可能还不太直观，可以想象一下在家电商场中卖的那种 16 GB 的 U 盘，50 TB 差不多相当于 3 000 个这样的 U 盘。并且这 50 TB 的数据并不是一年的量，而是仅仅一天的数字。不仅如此，平均每天需要处理的数据量竟然超过了 100 PB，对于这样超乎寻常的大数据，每天需要执行数百万条查询。

10.3.1　超乎寻常的数据产生速度

eBay 上每天都在买卖各种各样的商品，但其交易的产生速度和一般的电商网站相比不在一个数量级上。例如，eBay 上每天买卖的 MP3 播放器超过 3 600 台，香水超过 4 800 件，化妆品每 2 min 卖出一件，而洗发水、护发素等洗护产品几乎每秒都会产生新的交易。

而且，并不是只有便宜的东西才有比较大的成交量。例如，钻戒每 2 min 也会卖出 1 只，手表每分钟可以卖出 3 块以上，女式提包则每分钟可以卖出 5 个以上，甚至连汽车的交易量也能达到每分钟一辆，着实令人惊叹。在 eBay 的网站上，买卖行为是连续不断产生的，因此，在大数据的 3V 特征中，可以说 Velocity（速度）是体现得最显著的一面。

那么 eBay 对于如此庞大的数据是如何运用的呢？在数据分析已经浸透到企业 DNA 中的 eBay，从市场营销、客户忠诚度提升、财务、客户服务，到对卖家/买家双方体验的改善，这些方面都需要进行数据分析。在这些目的中，最重要的就是通过用户行为分析来提升用户体验。

经常使用 eBay 的用户可能会注意到，eBay 网站的设计会频繁发生变化，其目的就是提升网站访问者的用户体验，也就是说，是为了用户能够更舒服地使用网站而对其设计和用户界面进行优化。David Stone 说："达到这样大的规模之后，哪怕是对菜单和链接的布局进行一点小小的改动，都会大幅影响营业额。"因此，据说对于网站中的一个页面，有时居然会有 23 名项目经理在负责。如果觉得页面上存在问题，先要提出假设，然后在两周的时间内通过测试等手段进行验证，最后再决定是否要将修改发布到网站上。

为了进行这样的分析，eBay 存储了两年内所有用户在网站上的行为历史记录（访问日志），例如，"只是浏览了商品，但没有购买""在最终下单之前又取消了"等。过去，eBay 只保存用户行为历史数据中的 1%，进行测试时，等到得出结果往往需要 2～3 个月的时间。但现在将 100% 的数据都保存下来，测试结果只要一周，最快甚至只要半天就能够得出。

10.3.2　eBay 的数据分析基础架构

eBay 的分析基础架构包括 3 个部分。

1. 企业数据仓库（EDW）

企业数据仓库主要负责存储用户的购买记录、商品销售记录等交易数据（结构化数据）。通过采用 Teradata 提供的数据仓库系统，EDW 中存储了总共 6 PB 的数据，有 500 多人同时使用，并有数百个应用程序依靠该系统工作。

2. Singularity

Singularity 是一个主要负责存储用户行为记录等半结构化数据的数据仓库。它采用的是 Teradata 的一款低端企业级产品，并发用户数量被控制在 150 人左右。相对地，它比 EDW 存储了更大量的数据，总计数据量超过 40 PB，其中最大的数据表有 1.9 万亿行记录，数据量达到了 1.2 PB。

3. Hadoop（分布式系统基础架构）

在通用型硬件上搭建的 Hadoop 集群，用于存储非结构化数据，这些数据是从用户行为记录数据和 EDW 中选取特定的数据复制过来并存储的，主要用途为文本分析和机器学习，并发用户数只有 5～10 人，但数据量却超过了 20 PB。

eBay 之所以同时准备了 3 种不同的数据基础架构，是因为考虑到"没有唯一的技术法宝"，也就是说，无论哪种技术都有其长处和短处，仅靠 EDW 或者仅靠 Hadoop 都不行，只有这 3 种技术相互结合和补充才是最优的方案。

一些重要的观点如下：

（1）通过对用户在网站上的行为记录（访问日志）进行 100% 的保存（过去是 1%），网站测试效率实现了飞跃性的提升。数据分析的对象从原来的抽样数据变成了全部数据，这一点作为运用大数据所产生的效果，是非常具有说服力的。

（2）任何技术都有优点和缺点。eBay 自身对各种技术的特点进行了评测，并对每种技术的用途进行了理性判断。例如，要满足 500 个并发用户访问，必须使用传统的数据仓库；相对地，对非结构化数据的存储，传统的数据仓库又很困难，而 Hadoop 则是最合适的选择。如今，在大企业中，数据仓库的应用越来越广泛，考虑构建 Hadoop 集群的企业也将越来越多，eBay 的处理方式值得大家参考。

10.4　游戏分析公司——Zynga

在 Facebook 的社交游戏排行榜上独占鳌头的游戏开发商非 Zynga 莫属，如图 10-5 所示。例如，某次统计表明，Facebook 游戏月活跃用户数排行榜的前 10 位中，有 7 款游戏是 Zynga 开发的。

图 10 - 5　Zynga 游戏公司 Logo

Zynga 创立于 2007 年 7 月，已经在全世界 175 个国家拥有超过 2.4 亿的月活跃用户，平均日活跃用户数量约为 5 400 万人，平均每日总计游戏时间达到 20 亿 min（2010 年，Zynga 通过收购中国社交游戏公司希佩德成立了 Zynga 中国分公司，但 2015 年初又宣布解散）。

所谓社交游戏，就是在以 Facebook 为代表的 SNS 上面玩的一些休闲游戏。这些游戏大多数都是免费的，而游戏开发商的盈利模式是通过贩卖一些让游戏更好玩的虚拟道具来实现的。与按照用户喜好开发并销售游戏软件来赚钱的传统视频游戏公司相比，这种模式是完全不同的。

根据 Zynga 的数据，游戏的玩家中 95％的人连区区 5 美分都不会消费。但就是剩下的 5％的铁杆玩家为 Zynga 贡献着 11 亿美元的营业额。想想看，假设月活跃用户数为 2 亿人，5％就是 1 000 万人，每人消费 5 美元用于购买虚拟道具的话，总共就产生了 5 000 万美元，折合人民币约 3.1 亿元的营业额。实际上，还存在一些发烧级粉丝，他们每个月甚至会消费数百甚至数千美元，考虑到这一点，实际的营业额恐怕还不止这些。在这种模式下，仅仅依靠这百分之几的少数用户每人购买 5 美元左右的虚拟道具，Zynga 就可以坐拥金山。

10.4.1　社交游戏经济的重要指标

下面介绍在社交游戏的商业模式下的 3 个指标：

（1）退出率。退出率是指用户不再玩某个游戏的比例。因为社交游戏是免费发布的，所以其退出率非常高，一般来说每月退出率可达 50％左右。这就意味着，新加入游戏的玩家中，有一半会在一个月之内退出游戏。

（2）病毒系数。病毒系数是表示社交游戏中口碑传播效率的一个指标。也就是说，它表示利用社交网络的功能，由现有玩家邀请新玩家的效率。例如，假设现有玩家 100 名，他们每月能够邀请 150 名新玩家，则月病毒系数为 150 名/100 名＝1.5。当这个病毒系数大于 1，即每个现有玩家能够邀请超过一名新玩家时，用户数量就会呈现爆发式增加。对于社交游戏，口碑传播是其盈利的源泉，而病毒系数作为业务盈亏的关键，是一个非常重要的指标。

（3）玩家人均收益。玩家人均收益即平均每位玩家所带来的预期收益。这个指标代表玩家的生命周期价值，是由每月营业额和退出率计算出来的。拿付费玩家超过 1 000 万人的 Zynga 来说，即便玩家人均收益只是从 4 美元增加到 5 美元，这 1 美元的增长对总收益也会带来 1 000 万美元（约合人民币 6 300 万元）的巨大影响。

通过分析社交游戏的商业模式可以看出，上述 3 个指标是非常重要的。或者可以说，降低退出率、提高病毒系数和提高玩家人均收益是社交游戏业务迈向成功的捷径。

10.4.2　提高病毒系数的方法

Zynga 的收益基本上都是通过在 Facebook 上运营的应用获得的，它对 Facebook 平台有着很强的依赖性。在 Facebook 上运营游戏，能够获得远比一般网站更加详细的用户行为相关数据。当用户安装游戏时，需要授权 Zynga 获取并记录自己的姓名、性别和 Facebook 上的好友关系等信息。而 Zynga 的创新性在于，通过这些信息让用户邀请自己的好友来玩游戏。在提高病毒系数方面，这一手段是非常有效的。

2007 年 Zynga 刚刚发布"扑克"（Poker）游戏时，Facebook 上已经有几款其他的扑克游戏了。但是，能够和朋友一起玩的扑克游戏，除了 Zynga 之外便再无第二家了。于是，Zynga 开始尝试通过引导玩家购买一些虚拟道具来获益，如薯片和为牌桌上每个人点杯饮料等，而这一创举与后来该公司的成功有着密切的联系。

10.4.3　数据驱动游戏

为了进一步提高收益，Zynga 提出了 3 个问题：怎样才能让玩家花更多的时间玩游戏？怎样才能让玩家在 Facebook 上和好友们讨论游戏？怎样才能让玩家购买更多的虚拟道具？

于是，Zynga 对每个玩家的好友关系图进行分析，收集并深入分析玩家如何玩游戏的行为记录，在月活跃用户数已经超过 2 亿人的现在，这些数据的容量每两天就可以达到 5 TB 之多。

Zynga 副总裁、负责领导数据分析团队的 Ken Rudin 说："我们是一家披着游戏公司外衣的分析公司。"为了印证这句话，Zynga 将"数据驱动游戏"作为其经营理念之一，基于每天收集和统计的数据，随时对玩家做出反馈，将游戏的开发和运营打造成为一种实时性的服务。

其中一个实例就是 Zynga 通过在游戏内植入代码，每天都在对玩家进行着几百组 A/B 测试。A/B 测试是在玩家不知情的前提下将他们随机分成两组，向他们各自展示颜色有细微差别的虚拟道具，并测试哪一种颜色的道具卖得更好。实际上，在某一款游戏中，Zynga 就通过将一个宠物虎的颜色从黄色改成白色，实现了销量的激增。

10.4.4　3 次点击法则

Zynga 的游戏都必须通过公司中一项称为"三次点击测试"（Three Click Test）的评

估才能够发布。关于这一点，身为 Zynga 共同创始人和 CEO 的 Mark Pincus 曾提出过这样一个观点："玩家通常在前 3 次点击中，就会决定是继续游戏还是退出游戏。"

这是基于 Zynga 对庞大数据进行分析所得出的结论，即如果一个游戏在前 3 次鼠标点击之内不能吸引一个新玩家的话，那么这个游戏就不太可能会长期受欢迎。

对于前 3 次点击的重视，是 Zynga "首次用户体验"（First-Time User Experience）战略的一部分。Mark Pincus 说："为了完善首次用户体验，我们花费了几个月的时间。我们从数据中能够看出：在前 15 min 内能够喜欢一款游戏的玩家，接下来就很可能会继续玩上几个小时。"

可见，Zynga 在各个方面都不遗余力地挖掘数据的价值，传统游戏所不具备的 Facebook 上的用户活动统计数据，成为 Zynga 创作游戏的重要基准，甚至可以说，数据就是 Zynga 的操作系统。

思考与练习

1. 试举出一两个关于大数据应用的案例。
2. 总结一下大数据在我们生活和工作中的应用范围。

▶ 第11章

大数据发展动态

在大数据运用框架的基础上，除了自己公司内部的数据之外，对公司外部数据的关注也非常重要。为此，企业需要放宽视野，如使用和购买外部数据、出售内部数据等。

拥有原创数据的企业，在大数据时代更有可能成为赢家。首先要找出自己公司的原创数据，然后再考虑通过与外部数据进行整合，使之升华为增值数据。

作为供应商企业来说，新的商机在于数据聚合商这一角色。只要有数据的产生，在任何一个行业就有成为数据聚合商的机会。

11.1 大数据时代的企业 IT 战略

随着传感器网络的发展和智能手机的普及，数据的收集逐步自动化，数据量也必将不断增加，像生活日志、服务器日志这样的日志数据将会迎来爆炸式的增长。这些庞大的数据乍看之下只是数值、文字及符号的罗列，但为了从中发现"金矿"并有效运用，就必须做到有备而来。随着 LOD 运动的高涨和数据市场的出现，能够免费或者廉价获得国家及地方政府所拥有的统计数据、地图信息以及与社交媒体相关的各种统计数据，这样一个时代已经离人们越来越近了。

另一方面，对于企业来说，有一些数据（如其他公司的顾客购买记录等）是花钱也很难买到的。但是，要想在大数据时代确立企业的竞争优势，在数据战略上，除了公司内部数据外，必要时也应该考虑从外部获取数据。

下面将数据按照自己公司拥有的公司内部数据、其他公司拥有的公司外部数据，以及招徕客户所需的体现差异化的核心数据、除核心数据以外的背景数据这两个维度进行分类，并针对这一框架进行讨论，如图 11-1 所示。

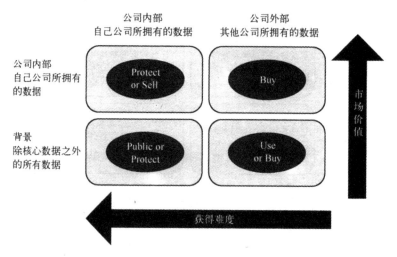

图 11-1　大数据运用的战略框架

左上方区域指的是自己公司在商业活动中产生的原创数据，这些数据可在招徕客户方面体现差异化，如 POS 数据和会员购买记录等。由于是自己公司的数据，不但比较容易获取，而且对其他公司来说也是十分有用的数据，因此市场价值非常高。

属于这一领域的数据对企业来说是战略性资产，传统的思路是直接保护起来，不会对外提供。然而，最近出现的一些案例表明，如果这些数据对自己公司有很大的好处，那么可以通过与其他公司进行战略性合作的方式对数据进行共享和交换。今后不应只考虑保护这些数据，在某些情况下，也应考虑和其他公司进行分享。

左下方区域指的是除了左上方区域以外的数据，也就是说，虽然是自己公司原创的数据，但这些数据不能在招徕客户方面直接体现差异化。例如，总营业额、销售利润等财务数据，或者是员工的学历、资质、家庭结构和邮件记录等。

对该区域数据的处理体现了两极分化的特点。以财务数据为例，如果是上市企业的话，每过一段时间就有义务对外公开其中的一部分数据，但也有一些机密数据和个人信息相关的数据是绝对不允许泄露出去的。因此，对这两类数据应分别采取依法公开和严格保护的措施。

右下方区域指的是地图数据、政府公开的统计数据、Facebook 上公开的用户档案，以及从数据市场中可以获得的数据等一般性的公开数据。由于这些数据可以免费获得，或者可以以很低廉的价格购买到，因此其市场价值并不是很高。作为企业来说，属于可以积极利用（Use）或购买（Buy）的数据。

右上方区域指的是其他公司的客户信息和 Twitter 的 Firehose（可实时访问所有公开推文的 API）等，其他公司所拥有的但对自己公司有较高利用价值的数据。所有人都可以使用的普通 API 所能够获取的数据是有限制的，例如，需要指定关键字来获取过滤过的结果，但无法获取未经过滤的全部公开推文。由于这些数据没有进行一般性的公开，因此相对较难获得，其相对的市场价值就较高。作为企业来说，即便需要付出相应的代价，也希望能够得到这些数据。

如图 11 - 2 中所示的情形，如果企业今后想要依靠数据来获得竞争优势的话，除了自己公司所拥有的内部数据外，还需要在制定数据运用战略时将外部数据也考虑在内。

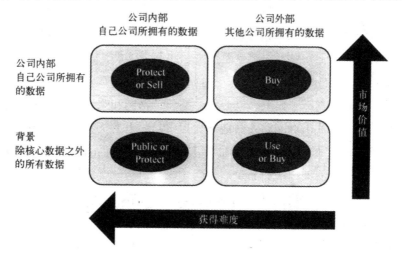

图 11 - 2　大数据运用方针示例

为此，需要进行有逻辑、有条理的讨论，例如，为了达到某个目的，需要哪些数据？这些数据仅靠自己公司的数据能够满足吗？如果不能满足，应该从外部引入哪些数据？然后，如果需要一些难以获得的其他公司的数据，就需要以更宽广的视野来进行讨论，包括进行战略合作等。在某些情况下，还需要设立一个专门负责管理企业数据战略的 CDO（首席数据官）职位。

11.2　拥有原创数据的优势

COOKPAD 是日本最大的食谱分享网站，食谱总数超过 40 万道，从西式到中式，从前菜到汤、主菜、甜点，甚至情人节巧克力，日本菜全部都有。COOKPAD 的月用户超过 1 500 万人。ID'S 在日本全国拥有 33 家连锁超市客户，为零售连锁业提供忠诚度计划。这两家企业于 2011 年 12 月发表了合作计划。

两家公司对光临其合作伙伴——全国 7 家超市连锁的"购物卡"会员，与经常使用 COOKPAD 的 ID 会员进行关联，运用搜索和购买记录数据来开展营销活动。具体来说，顾客用购物卡的 ID 在 COOKPAD 上登录时，就可以查看到其在超市中购买的食材，COOKPAD 可以根据食材向顾客推荐合适的菜谱。对于超市方面来说，通过获取菜谱的搜索数据，也可以得到相应的好处，例如，了解顾客购买食材的目的，结合个人喜好来发放优惠券，以及改善商品的陈列等。两家公司的合作不仅限于共享数据，还给了人们更多的启示——COOKPAD 公司拥有其他公司所没有的原创数据。

一直以来，COOKPAD 都在分析用户在搜索菜谱时所输入的海量搜索日志，根据分析结果向食品厂商等企业提供"吃与看"服务。其原因在于搜索日志可以看成是表现消费者对食材潜在需求的宝贵市场数据。也就是说，COOKPAD 在将自己公司所拥有的核心数据出售给其他公司这一点上，已经对数据运用战略进行了实践。

使用"吃与看"服务的客户，当输入一些食材如"火锅"时，就可以得到一些分析结果，例如：经常与哪些食材（白菜、卷心菜、鳕鱼、猪肉和鸡肉等）一起搜索，在几月份被搜索的次数最多，以及东京圈和关西地区在搜索趋势上有无差异等。根据这些数据，食品厂商就可以开发新产品，流通零售业者则可以参考消费者的习惯来组织卖场。

例如，某食品厂商的咖喱块商品企划部门，每月对与"咖喱"一起搜索的食材进行分析，发现了最经常被搜索的食材是"肉末"。根据这一结果，他们将咖喱块与肉末组合的菜谱印在了商品的宣传单上。

而 COOKPAD 运营着日本最大的美食菜谱网站，充分掌握了消费者对于食材的潜在需求，在这一点上，其他公司是无法企及的。无论是与 ID'S 的合作，还是其所提供的"吃与看"服务，都将只有 COOKPAD 才具备的原创数据的优势发挥到了最大限度。该公司的战略对其他行业也具有很大的参考价值。

11.3　供应商企业的新商机：数据聚合商

另一方面，从 ID'S 身上也可以得到一些启示。实际上，ID'S 是一家与多个连锁超市有合作关系的"数据聚合商"（Data Aggregator），对每个超市的顾客的购买记录进行收集汇总，并向第三方（如这里的 COOKPAD）集中提供（图 11-3）。

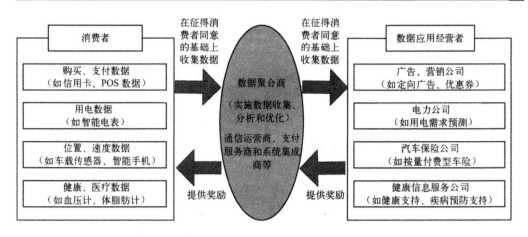

图 11 - 3　数据聚合商所扮演的角色

11.3.1　数据聚合商的作用

从需要利用大量数据的第三方（比如这里的 COOKPAD）的角度来看，数据聚合商可以帮助他们免去与消费者进行单独交涉的麻烦，为他们提供了极大的便利。

在其他行业中，数据聚合商也已经开始出现。例如，电力行业中的需求响应聚合商，当用电需求达到高峰时，自动关闭一些非必要设备的自动需求响应机制。然而，当电力公司需要削减用电量时，就需要通过作为中间商的需求响应聚合商来呼吁各家庭和企业节电。需求响应聚合商会事先征集一些愿意合作的家庭和企业，在关键时刻对这些合作者发出节电的呼吁，并对配合的家庭和企业提供奖励（现金或积分等）。奖励金本身来自电力公司，需求响应聚合商从中扣除一定的手续费，再根据实际的节电量支付给各个家庭和企业。

前面介绍过根据被保险人驾驶习惯对保费提供相应折扣的 Pay as You Drive 汽车保险。这种保险计划的关键在于对驾驶习惯这一数据的收集。在越来越多的保险公司开始考虑推出这种保险计划时，数据聚合商已经出现了，美国 Crimson Informatics 公司就是其中的代表。当保险公司准备将 Pay as You Drive 保险作为新服务提供给客户时，数据聚合商就扮演了代替保险公司进行设备发放、数据收集和分析等工作的角色。

在 Web 上，数据的收集相对容易，因此，对于拥有一定技术能力的企业来说，对数据的收集、分析，以及根据分析结果进行优化等工作，大多都能够由自己公司来完成。相对来说，尽管所扮演的角色有一定的差异，但在数据收集比较困难的线下业务中，数据聚合商的存在意义就显得更大。尤其是在数据收集的对象是个人，以及不存在一家企业独占大部分数据份额的情况下，就更能体现数据聚合商的意义。

一家数据聚合商的优劣，在于其对所在领域的数据能够深入到何种程度。在同一个领域能够存活的数据聚合商也就是两三家。特别是当从其他行业参与进来的第三方成为数据聚合商的情况下，尽快发现数据的价值，并比对手更早开始收集数据的企业，胜出的可能性就会更大。

11.3.2 谁能成为数据聚合商

虽然谁都有可能成为数据聚合商，但作为数据入口的数据收集设备开发和运用的企业，则更有可能"近水楼台先得月"。

有一个名为 Carrier IQ 的软件，它能够对智能手机用户的详细操作数据（使用了哪些应用、位置信息、键盘输入信息、相机和音乐播放器的工作情况等）进行记录，并发送给移动运营商和手机厂商。由于这个软件是在未经用户同意的情况下由移动运营商预装在智能手机中的，因此在美国引起了轩然大波。

虽然这只是一个极端的例子，但毋庸置疑的是，靠近数据入口位置的经营者在竞争中处于有利的地位。当然，对数据进行收集和运用必须征得数据拥有者的许可，这是一个大前提，且越是对个人来说敏感的数据，以及越是对企业来说有价值的数据，就越难以获得。因此，企业是否拥有良好的社会信誉，是否能够提供让数据拥有者感觉"可以把数据交给你"的附加价值和奖励机制，就成了竞争中的重要条件。

从这个角度来看，通信运营商应该说具有天然的优势地位。从大数据的角度来看，用户经常随身携带一个具备通信功能的传感设备，这一点是非常重要的。也就是说，不仅是GPS、加速度传感器所产生的位置及速度信息，生活日志类的数据大部分也是通过智能手机来输入的。

例如，NTT Docomo[①]与从事健康管理服务的欧姆龙健康医疗（Omron Healthcare）进行合作，于 2012 年 7 月 2 日共同成立一个新公司（Docomo Healthcare）。通过这一合作，两家公司将欧姆龙的健康医疗设备（血压计、体重脂肪计和计步器等）与 Docomo 的智能手机进行关联，构筑一个能够对体重、血压等健康医疗数据进行轻松存储和管理的环境，并通过与健康、医疗的相关企业进行合作，提供健康和医疗支持服务。

NTT Docomo 目前正在运营一个手机健康支持服务——iBodymo。该服务可通过自动记录步数的计步器记录慢跑的距离、时间和步幅等数据。通过与欧姆龙健康医疗的合作，这一服务可以得到扩展，实现包括体重、血压等测量数据的管理和分析，还可以通过与健康医疗管理机构的合作，提供多种多样的健康支持服务和疾病预防支持服务。对于 NTT Docomo 来说，这次合作仅仅是其众多合作业务中的一例。如果将手机看作是数据的入口，那么控制这一入口的通信运营商可以说拥有近乎无限的可能性。

---

① ①NIT Docomo（NTT）是日本的一家电信公司，也是日本最大的移动通信运营商，成立于 1991 年 8 月 14 日，它在全日本范围内提供移动网络服务，拥有超过 6 千万的签约用户。

11.4　支付服务商向数据聚合商的演化

在美国，用信用卡支付是一个非常普遍的现象，因此拥有顾客各种购买记录的支付服务商正逐渐化身为数据聚合商。想想看，像 VISA、美国运通（American Express）等信用卡结算机构（国际品牌），对于各自信用卡用户刷卡支付的记录，即什么时候、在哪家商店、购买了什么商品这样的数据，都可以做到实时掌握。而且，从超市到服装店、加油站，只要是可以使用信用卡的地方，无论在世界任何一家商店中的购买记录，都可以一手掌握。

11.4.1　VISA

美国的 VISA[1] 正在发挥这一优势，开始提供一项新的服务，即在交易完成时，将合作企业发行的优惠券，按照事先指定的条件，发送到经过主动许可的顾客手机上。例如，顾客在某个加油站加油，并用 VISA 信用卡完成支付，就会收到距离最近的咖啡厅的优惠券。

VISA 会对事先征得同意的顾客保存其购买记录（最长 13 个月），并分析其购买倾向。例如，在哪个地区购物最多、购物时间段是几点，以及更倾向于在哪个商店购买哪些商品等。

合作企业可以根据 VISA 的分析结果，对优惠券的发放条件进行细致的设定，如发生支付的商店邮政编码、购买的商品、特定日期和时间段以及顾客的档案等。

现在，美国最大的服装零售店 Gap 正在使用这项服务。以邮政编码为索引，当顾客在 Gap 门店附近的商店（如咖啡厅）用信用卡进行消费的瞬间，手机立刻就会收到可以在附近 Gap 门店使用的优惠券。发送优惠券的对象仅限于注册了 Gap 所提供的 Gap Mobile 4U 服务计划且事先同意出让购物信息的会员。

11.4.2　PayPal

PayPal（图 11-4）不是一家结算服务机构，而是一个很大的在线支付平台。在积极进军实体店的同时，他们也开始收集购买记录，逐步走上数据聚合商的道路。

---

①　②VISA 是全球支付技术公司，连接着全世界 200 多个国家和地区的消费者、企业、金融机构和政府，促进人们更方便地使用数字货币，代替现金或支票。

图 11 - 4 PayPal 官网

在实体店中用于信用卡和借记卡支付的终端设备上，增加一个 PayPal 支付按钮，消费者将自己的手机号码和验证码输入终端，即可完成交易。

零售店也可以从这一合作中得到好处，例如，在事先征得顾客许可的情况下，可以利用 PayPal 所拥有的包括在线购买记录在内的顾客信息来进行营销活动。

11.4.3 美国运通

与利用会员购买记录的 VISA 与 PayPal 在概念上有所不同，美国运通则是利用 Facebook 上一个名为 Link、Like、Love 的活动数据开展了一项很有意思的服务。这一服务是通过让运通卡会员将信用卡号与自己的 Facebook 账号进行绑定，从而可根据会员在 Facebook 上的活动（如对哪些企业主页点击了"赞！"等）提供各种相应的优惠信息。

具体来说，通过分析会员的活动，可以从参加这一计划的企业（H&M、Virgin America、Outback Steakhouse、Dunkin' Donuts、联想和喜来登酒店等）的优惠信息中，选择会员最感兴趣的商家优惠（如购物时可使用的 9 折券等）进行推荐。用户则可以选择想要使用的优惠券，在购物时使用运通卡来进行支付即可。

这项服务的特别之处在于，优惠券是直接充值到信用卡中的，而不需要打印出来，也不需要事先购买折扣券，只要在支付时使用运通卡，就会自动应用折扣。从用户角度来看，相当于是用自己的兴趣爱好等相关数据，从美国运通换取购物折扣等消费优惠。

提到大数据相关的商机，大家往往会想到海量存储、数据仓库、Hadoop 和商业智能工具等硬件、软件销售业务或者数据分析委托等外包业务。而从以上事例可以看出，数据聚合业务在大数据时代也展现出了相当大的商机。

11.5　数据整合之妙：将原创数据变为增值数据

无论是与其他公司结成联盟，还是利用数据聚合商，如果自己的公司拥有原创数据的话，接下来就可以通过与其他公司的数据进行整合，来催生出新的附加价值，从而升华成为增值数据（Premium Data）。这样能够产生相乘的放大效果，这也是大数据运用的真正价值之一。

前面讲过的 ID'S（超市）与 COOKPAD 的合作，将实际购买的食材数据和菜谱数据相结合，就是一个很好的实例。

选择什么公司的数据与自己公司的原创数据整合，这需要想象力。在自己公司内部认为已经没什么用的数据，对于其他公司来说，很可能就是求之不得的"宝贝"。

例如，耐克提供了一款面向 iPhone 的慢跑应用——Nike＋GPS，如图 11 - 5 所示。它可以通过 GPS 在地图上记录跑步的路线，将这些数据匿名化并进行统计，从而找出跑步者最喜欢的路线。在体育用品店看来，这样的数据在讨论门店选址计划上是非常有效的。此外，在考虑具备淋浴、储物柜功能的收费休息区，以及自动售货机的设置地点、售货品种时，这样的数据也是非常有用的。

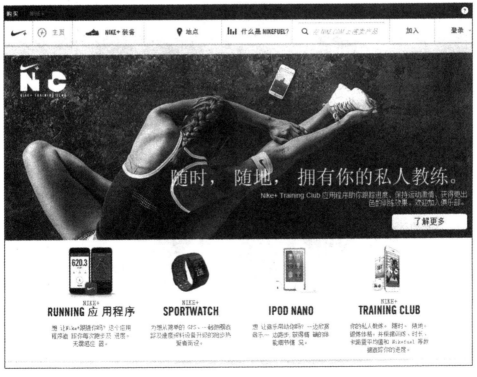

图 11 - 5　Nike＋GPS

对于拥有原创数据的企业和数据聚合商来说，不应该将目光局限在自己的行业中，而应该以更加开阔的视野来制定数据运用的战略。

11.6 大数据未来展望

大数据是继云计算、移动互联网之后，信息技术领域的又一大热门话题。根据预测，大数据将继续以每年40％的速度持续增加（图11-6），而大数据所带来的市场规模也将以每年翻一番的速度增长。有关大数据的话题也逐渐从讨论大数据相关的概念，转移到研究从业务和应用出发如何让大数据真正实现其所蕴含的价值。大数据无疑给众多的IT企业带来了新的成长机会，同时也带来了前所未有的挑战。

随着数据量的持续增大，学术界和工业界都在关注着大数据的发展，探索新的大数据技术，开发新的工具和服务，努力将"信息过载"转换成"信息优势"。大数据将与移动计算和云计算一起成为信息领域企业必须具有的竞争力。如何应对大数据所带来的挑战，如何抓住机会真正实现大数据的价值，将是未来信息领域持续关注的课题，并同时会带来信息领域里诸多方面的突破性发展。

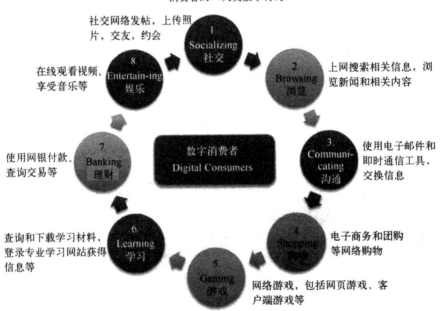

图11-6 消费者的数字行为

11.6.1 大数据的存储和管理

随着数据量的迅猛增加，如何有效地存储和管理不同来源、不同标准、不同结构、不同实时性要求的大数据已经成为信息领域的一大课题。

早期 IDC 的一项研究报告中就预测从 2012 年到 2020 年，新增的存储总量将增长 8 倍，但是仍比 2020 年数字世界规模的 1/4 还小。因此，在数字内容总量和有效数字存储空间之间就有了一个日益增大的缺口。虽然大数据的特点之一是价值稀疏，然而因为种种原因这些数据还是具有保留价值的。因此采用什么样的存储技术和策略来解决大数据存储问题将是未来必须解决的问题之一。

首先，数据去重和数据压缩技术要有所突破。IDC 的数据表明将近 75％ 的数字世界是副本，也就是说只有 25％ 的数据是独一无二的。当然，副本在很多情况下是必须存在的，例如，各种法律法规通常要求多个副本的存在，多副本也是提高系统可靠性的一种有效方法。即便如此，还是有很多情况由于副本而造成数据冗余。降低副本是提高存储效率和降低存储成本的一个首选领域。

另外，大数据对存储系统的可扩展性要求极高。一个好的大数据存储架构必须具备出色的横向可扩展能力，从而使得系统的存储力可以随着存储量需求的增加而线性增加。

11.6.2　传统 IT 系统到大数据系统的过渡

大数据的有用性毋庸置疑，问题的关键是如何能够开发出经济实用的大数据应用解决方案，使得用户能够利用手中掌握的各种数据，揭示数据中所存在的价值，从而带来市场上的竞争优势。这里面使用大数据的代价和大数据可用性是尤为关键的两个问题。

首先是代价。如果为了实现大数据的价值，需要用户重新搭建一套从硬件到软件的全新 IT 系统，这样的代价对于多数客户来说都难以接受。可行的方案是在现有的数据平台的基础上做渐进式的改进，逐渐使现有的 IT 系统具备处理和分析大数据的能力。例如，在现有的 IT 平台上加入大数据的组件（如 Hadoop、MapReduce 和 R 等），在现有的商业智能的平台上引入一些大数据分析的工具来实现大数据分析功能。要实现上述功能，现有的数据库系统和 Hadoop 的无缝连接将是非常关键的技术。使得现有的基于关系数据库的系统、工具和知识体系能够方便地迁移到 Hadoop 生态系统中，这就要求关系数据库的查询能够直接在 Hadoop 文件系统上进行而不是通过中间步骤（如外部表的方式）来实现。

其次是可用性。大数据的根本是要为用户带来新的价值，而通常这些用户是各个职能部门的业务人员而非数据科学家或 IT 专家，所以大数据分析的平民化尤为重要。大数据科研人员要和业务人员密切合作，借助可视化技术等，真正使大数据的应用做到直观、易用，为客户带来可操作的洞察和可度量的结果。同时，数据分析将更加趋于网络化。基于云计算的分析即服务，使得大数据分析不再局限于拥有昂贵的数据分析能力的大企业，中小企业甚至个人也可以通过购买数据分析服务的方式来开发大数据分析应用。

11.6.3　大数据分析

大数据中所蕴含的价值需要挖掘。而这种大海捞针的工作极富挑战性。数字世界是由各种类型的数据组成的，然而，绝大多数新数据都是非结构化的。这意味着人们通常对这些数据知之甚少，除非这些非结构化的数据通过某种方式被特征化或者被标记而形成半结构化的数据。依照最粗略的估算，数字世界中被"标记"的信息量只占信息总量的大约3%，而其中被用于分析的却只占整个数字总量的0.5%。这就是人们常说的"大数据缺口"——未被开发的信息。虽然大数据的价值稀疏，但随着数据总量的增加，大数据中蕴含着巨大的潜在价值，而挖掘这些潜在的价值需要大量的投入和技术的突破。

大数据分析需要革命性的理论和新算法的出现。和传统的抽样方法不同，大数据分析是全数据的聚合分析，因此很多传统的数据分析算法不一定适用于大数据环境。由于数据量的巨大和网络资源的有限，传统的将数据传送到计算所在的地点进行处理的方式不再适合。大数据时代呼唤从以计算为中心到以数据为中心的改变。大数据环境下的计算需要将计算在就近数据的地点完成，然后再把结果汇总到中心结点，最大限度地减少数据移动。大数据分析必须是分布式与并行化兼顾的系统架构。然而，目前常用的数据分析的算法并不都能被并行化，需要研究和开发适合大数据环境的新的算法。

为了实现全数据分析，从而发掘出新的有价值的洞察力，要求大数据分析系统能够综合分析大量且多种类型的数据。这就要求大数据系统能够把结构化数据的方法、工具和新兴的非结构化数据的方法、工具有机地结合。新的系统要兼备大规模并行处理数据库的高效率，同时又具有 Hadoop 平台高扩展性的特点，如图 11-7 所示。

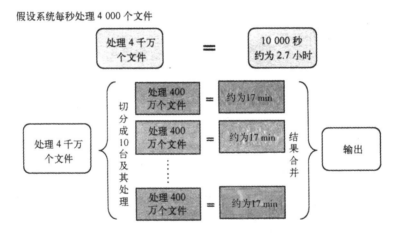

图 11-7　Hadoop 处理原理

许多大数据应用需要实时的数据分析能力，因此提高数据分析的效率和速度是大数据分析的又一挑战。为此人们在这方面做了很多尝试，如并行计算、内存数据库等。很显然，只靠内存数据库的方法来提高数据分析速度不太可行。成本是其中的一个关键因素，虽然内存的价格按每18个月降低30%左右的速度降低，但数据的增长速度更快，以每18个月40%的速度增长。

云计算是提高大数据分析能力的一个可行的方案。云计算和大数据相互依存，共同发展，云计算为大数据提供了弹性的、可扩展的存储和高效的数据并行处理能力，大数据则为云计算提供了新的商业价值。

11.6.4　大数据安全

大数据给信息安全带来了新的挑战（图 11 - 8）。随着云计算、社交网络和移动互联网的兴起，对数据存储的安全性要求也随之增加。互联网给人们的生活带来了方便，与此同时也使得个人信息的保护变得更加困难。各种在线应用中共享数据的比例正在增大。这种大量的数据共享的一个潜在问题就是信息安全。近些年，信息安全技术发展迅速，然而企图破坏和规避信息保护的技术和工具也在发展，各种网络犯罪的手段更加不易追踪和防范。

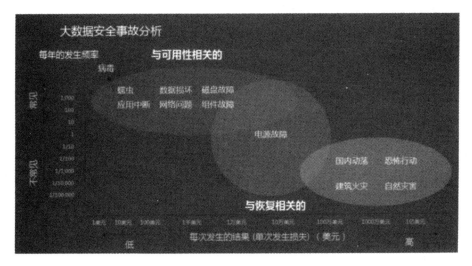

图 11 - 8　大数据安全分析

信息安全的另一方面是管理。在加强技术保护的同时，加强全民的信息安全意识，完善信息安全的政策和流程也是至关重要的。如果企业的员工忽视公司的信息安全政策，如没有备份应该备份的数据，没有及时更新安全软件等，即使有先进的技术保障，也不能保证企业信息万无一失。

大数据时代信息安全需要更完备的信息安全标准。例如，如何规范电子商务中客户信息的管理，保障客户信息的安全，在大数据时代提出了新的要求。客户的身份数据、购买记录等如果和其他社交网络中客户的行为与记录放在一起进行综合分析，可能会造成意想不到的信息泄露。什么样的个人信息可以保留，什么组织和机构可以有权利保存、收集和汇总私人信息，这都需要制定详尽的信息管理法规，并由各部门参与协调，从而切实保证客户的信息安全。另一方面，大数据也为数据安全带来了新的技术突破的可能。通过大数据分析的方法，实现信息安全策略的动态调整，从而更好地提高信息安全措施的实时性和完备性。

思考与练习

1. 简述拥有原创数据的优势。
2. 总结成为数据聚合商的条件。
3. 简述维护大数据安全的策略。

▶ 第 12 章

大数据开发实践——基于 Hadoop 的城市出租车营运行为分析

随着城市化的不断推进及国民经济的快速发展，出租车作为城市交通的重要部分，其营运信息的交流与传递变得越来越频繁和重要，出租车营运也面临重大挑战。通过大数据分析来挖掘出租车营运行为规律是 Hadoop 平台应用的一个典型案例。Hadoop 平台作为大数据处理的代表性技术之一已日益成熟，在各行业得到广泛应用，基于 Hadoop 的出租车营运行为分析可以采用 MapReduce 分布式并行运算模式和 Apriori 算法对出租车的海量 GPS 追踪数据进行关联分析，挖掘出租车载客热点、载客峰值与营运规则等有价值的重要信息。本章采用 HDFS 存储出租车营运的 GPS 追踪数据，以及挖掘分析中产生的中间数据和分析结果数据，最后将结果数据从 HDFS 导出到 MySQL 关系数据库中，并通过 JSP＋MySQL 技术将数据库中保存的分析结果以直观的图表方式在 JSP 网页上展现。

12.1 Apriori 算法及其并行化实现

由前文相关章节可知，Apriori 算法的核心是基于频集的递归关联算法，算法的基本思想是首先找出所有的频繁项集，频繁项集与用户定义的最小支持度比较，小于最小支持度的频繁项集将被剔除，由筛选后的频繁项集产生包含集合项的关联规则，通过迭代方式不停地计算，直到计算出候选集为空时候停止。

传统的挖掘算法 Apriori 无论运算效率、运算能力都不能满足人们的需求，Hadoop 平台与 Apriori 算法相结合是一种有效且可行的解决方案，通过 MapReduce 模型实现 Apriori 算法的并行化，从而解决传统 Apriori 挖掘效率不足的问题。另外，通过 HDFS 很好地解决了海量数据的存储问题，同时 Hadoop 平台还具有负载均衡与强大的容错能力。

基于 MapReduce＋Apriori 的并行挖掘算法实现模式如图 12-1 所示。

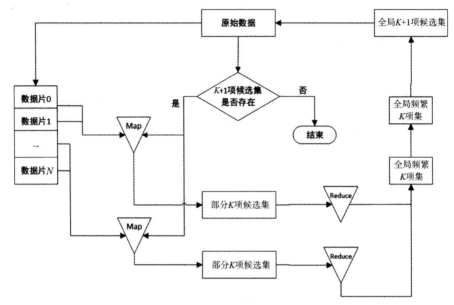

图 12-1 MapReduce＋Apriori 并行数据挖掘模式设计

基于 MapReduce＋Apriori 的并行挖掘算法的基本思想是：首先通过 map（）函数功能对数据进行分块处理，并将分块的数据分发到各个节点上进行计算，然后通过 Apriori 算法对每个节点上的块数据进行如下处理：

（1）通过 Map 阶段对数据进行分割，生成候选项集 C_1。

（2）通过 Reduce 阶段对分块数据集与原始数据进行对比生成频繁项集 L_1。

（3）通过 Map 阶段由频繁项集 L_1 与原始数据进行对比，生成候选项集 C_2。

（4）通过 Reduce 阶段计算出支持度，并通过计算的支持度与用户输入的最小支持度相比较，得到非空频繁项集 L_2。

（5）循环步骤（3）（4），生成候选项集 C_k（$k \geqslant 2$），如果 C_k 小于最大迭代次数 L_k，则继续执行，否则 $K++$，如此迭代直到产生 C_k 项候选集，C_k 项候选集与原数据集对比，如果还存在 C_k 项候选集，则继续执行；如果不存在，则最终得到 $K-1$ 候选集。

由于 MapReduce 模型的运行机制，上述过程每个节点在 Map 阶段对分块数据集进行计算，然后该模型的 Reduce 阶段获取每个节点 Map 阶段产生的 K 项候选集支持数并计算产生得到全局的支持数，通过得到的全局支持数计算出 K 项频繁项集。如果当前计算的数据分块全局的 K 项频繁项集出来后，每个节点会继续执行 Map 阶段处理下一份数据分块，则通过循环的方式，直到架构处理完成所有的数据分块。

12.2 MapReduce＋Apriori 并行数据挖掘模式设计

通过 Hadoop 云平台对数据进行处理时，数据结果以文件形式替代传统 Apriori 使用数据库存储数据结果，数据结果存储在 HDFS 中。通过 MapReduce 模型对数据处理的方式，采用键值对的方式对文件进行读取和写入，所以在这些文件中，每一行的行号可以标记一条数据，每一行的数据通过 Tab 键对属性条目进行隔开。当对数据进行关联分析作业时，每一次迭代将会启动一次 MapReduce 作业，Map 阶段对数据进行读入后按数据的属性条目分开，将候选集与该候选集出现的次数作为 Key、Value 的值并通过一个上下文将数据输出给 Reduce 阶段。Reduce 阶段通过合并候选项集的值，并通过计算得到支持度，通过上下文写入到文件中并存储在 HDFS，得到频繁项集。Map 阶段与 Reduce 阶段键值对（key，value）的设置见表 12－1。

表 12－1　Map 与 Reduce 函数中 key/value 的类型和值的设置

输入/输出	Map 函数	Reduce 函数
输入：＜key，value＞	key：行号 value：一行数据	key：候选项集 value：1
输出：＜key，value＞	key：候选项集 value：1	key：频繁项集 value：支持度

Map 阶段主要用来计算候选项 K -项集的集合 C_k 中的每个候选集是否在一条数据记录中存在，如果存在则输出＜候选项集，1＞键值对，否则不输出。Reduce 阶段主要来统计相同键的值，并将统计的值进行计算得这个候选项集的支持度，最后将＜候选项集，支持度＞键值对作为输出到 HDFS 文件中。通过 Map 和 Reduce 两阶段的并行处理，通过循环将所有候选项合并计算输出后就得到频繁 K -项集与对应的支持度，大大提升了 Apriori 算法的分析效率。

MapReduce＋Apriori 核心实现代码：

```
while（nivelAtual ＜＝ maxNivel）{
    countMinSup ＝ 0；
    //通过迭代方式生成频繁项集，并写到 HDFS
    isCompleted＝apriori.agrupamento（inFile，outFile＋nivelAtual）；
    if（！isCompleted）
        System.exit（0）；
    if（countMinSup ＝＝ 0）break；
    nivelAtual＋＋；
```

```
//生成候选项集
produtoCartesiano（conjAtual，conjItens. keySet（），nivelAtual）；
}
```

Apriori 主运行类函数用于频繁一项集的计算，通过 MapReduce 作业在 Map 阶段中，数据记录的任意行为 key，而行对应的值为 value，通过键值对的关联输出格式为＜value，1＞。在 Reduce 阶段，将相同 key 的 value 值进行相加、计算得到某个所有 value 值对用的支持频度，如果该支持频度不小于最小支持频度则以＜value，支持频度＞的键值对输出到 HDFS 上。

Map 阶段具体的执行过程代码：

```
map（LongWritable key，Text value，Context context）{
    String line = value. toString（）；
    String [] tokens = line. split（"［ \ t]"）；//数据按空格和制表符切割
    List＜Integer＞ valores = new ArrayList＜＞（）；
    …
    for（String s：tokens）//循环找出频繁项
        StringBuilder strConj = new StringBuilder（）；
      int k = 0；
      for（int n：conj）{
        for（int valor：valores）{…}
        strConj. append（n）；
        strConj. append（'，'）；
      }
    if（k == Apriori. nivelAtual）
      context. write（newText（strConj. substring（0，strConj. length（）— 1）
. toString（）），new Text（"1"））；，
    }
```

Reduce 阶段具体执行过程代码：

```
public void reduce（Text key，Iterable＜Text＞ values，Context context）{
    …
    for（Text value：values）{
        sum += Integer. valueOf（value. toString（））；//频繁值统计
    }
    …
    double suporte =（double）sum/Apriori. lineNumber；//计算支持度
    if（suporte ＞= Apriori. minSup）{
        …
```

context. write （key，new Text （String. valueOf （suporte）））;

　　…

　　}}

　　基于 Hadoop 云平台的 MapReduce＋Apriori 并行挖掘算法模型虽然在执行速度上较传统单机系统有了很大的提升，但其挖掘精度和效率也受到 MapReduce 设置与 Apriori 算法参数取值的影响，在运行前一般要考虑模型优化问题。

　　（1）在 MapReduce 编程阶段，在处理海量数据期间通过自定义 Partitioner 类继承 Hadoop 的 Partitioner 类，Partitioner 类主要作用就是将 Map 阶段的结果发送给 Reduce 阶段，因此，为了体现速度，该类执行越简单越好；另外，自定义 Partitioner 类还能通过自定义业务逻辑实现对 Map 阶段数据的分配控制，实现整个集群的负载均衡。

　　（2）Apriori 算法参数优化。Apriori 算法进行关联分析时，需要输入 minSup、minConf、maxNivel 3 个参数，参数不同对数据关联分析后的结果数据存在差异，所以数据分析师需要根据数据量、维度等信息合理分配这些参数。

　　（3）Apriori 算法参数设置。Apriori 算法的参数在实验是手动进行设置的，通过对数据的关联分析得出，若将 minSup 下界设置过大，则无法找到满足条件的关联规则，若将 maxNivel 参数设置过大，则关联分析耗时非常长。

12.3　基于 Hadoop 的出租车营运行为分析系统设计

12.3.1　系统流程设计

　　基于 Hadoop 的出租车营运行为分析，其面对的是全市的出租车所采集的数据。利用出租车 GPS 实时向出租车调度中心提供的时间、位置、载客状态、方向等信息，通过 Hadoop 平台实现并行的关联规则算法 Apriori 对数据的挖掘分析，并将结果数据存储到数据库，通过 Web 站点将挖掘分析的结果数据通过网页报表的形式展现，为出租车调度中心提供支持和服务。

　　系统设计为了简化用户的操作、提升系统的体验，用户能够直接通过网页表单提交的方式提交数据挖掘分析任务，系统整体结构如图 12-2 所示。

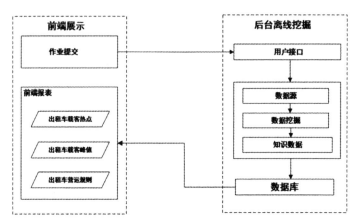

图 12 - 2　出租车营运行为分析整体架构图

基于 Hadoop 的出租车营运行为分析系统挖掘流程如下：

（1）全市的出租车 GPS 信息上传到 HDFS 分布式存储中。

（2）系统后台开放用户接口，实时监听接受前端的作业提交。

（3）用户通过本地浏览器使用作业提交功能，发起挖掘任务。

（4）一旦后台的用户接口检测到用户的作业提交，检测合法性，通过则发起 MapReduce 作业任务通过，否则返回用户一个错误代码。

（5）通过 MapReduce＋Apriori 模型对数据进行关联分析，将结果存储到数据库中。

（6）前端系统通过数据库获取挖掘后的结果，通过百度地图或网页报表的形式将结果展现在用户本地浏览器上。

12.3.2　系统体系结构设计

系统对出租车营运数据的分析可概括为 3 个主要模块，数据挖掘前的预处理、数据挖掘、数据挖掘后的处理。基于这 3 个步骤，本案例提出了 3 层结构的出租车营运行为数据的挖掘系统。出租车运营系统基础模块如图 12 - 3 所示。

（1）数据层。

数据层分为两种存储形式，分别是 HDFS 存储和 MySQL 存储。HDFS 主要用于存放出租车 GPS 设备产生的数据、数据挖掘产生的中间数据等；MySQL 主要存储数据挖掘的结果数据。

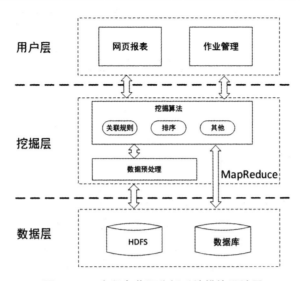

图 12 - 3 出租车营运分析系统模块设计图

（2）挖掘层。

挖掘层主要包含数据预处理和基于 MapReduce＋Apriori 的并行关联规则挖掘算法模块。首先，将出租车的源数据进行预处理，筛选掉 GPS 设备在提交数据时的噪声数据，保证挖掘分析过程中数据的质量。另外，针对不同的数据挖掘需要不同的数据，为了对数据进行快速的关联分析，必须提前对数据进行精心的筛选处理。最后，通过关联规则算法 Apriori 针对不同的数据集进行关联分析，将关联结果与实际数据相匹配得到最终的结果。

（3）用户层。

用户层主要实现用户的作业提交和数据挖掘结果的报表功能展示。作业提交实现对用户文件的提交以及作业任务的提交，报表功能实现对作业结果的可视化展示，如折线图、地图、散点图等。

系统的体系结构为 3 层浏览器/服务器结构（B/S 结构），该架构的优点是普通用户只需通过 Web 浏览器和网络，即可使用客户端的所有功能，不需要安装其他软件，减轻服务器负担，B/S 架构设计如图 12 - 4 所示。

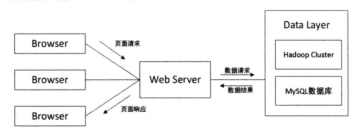

图 12 - 4 B/S 的架构设计

使用 B/S 架构维护和升级方式简单，客户端即浏览器不需要任何维护，只需要针对服务器进行维护即可。该架构没有平台限制，可以运行在 Linux 和 Windows 下。

12.4　HDFS 存储设置

HDFS 是数据存储的中心，在 Hadoop 集群部署时需要考虑到 HDFS 在设计之出的不足，通过合理配置和其他技术手段进行弥补，提供实时的服务，具体如下：

（1）HDFS 高可用功能。

HDFS 是由 NameNode 和 DataNode 两种角色组成，而在默认情况下 NameNode 在整个集群中有且只有一个，是整个分布式文件系统的大脑，一旦出现问题将造成数据无法访问存在单点故障。HDFS 的高可用功能就解决了上述的问题，通过在配置文件中启用 HDFS 高可用功能，选择同一集群中的两个节点配置成为 NameNodes，在任何时候，一个节点处于 active 状态，另一个处于 standby 状态。处于 active 状态的节点响应客户端的操作，而处于 standby 状态的节点仅仅作为一个备用节点，一旦 active 节点出现故障则可手动将备用节点状态设置成 active，保证分布式文件系统的正常服务，HDFS 高可用功能参数配置如表 12－2 所示。

表 12－2　HDFS 高可用功能参数配置

HDFS 高可用功能参数配置	
\<property\>	
\<name\>dfs. ha. namenodes. YGSDMI1\</name\>	//NameNode 集群的唯一标识
\<value\>NN1，NN2\</value\>	//最多只允许两台 NameNode
\</property\>	
\<property\>	
\<name\>dfs. namenode. rpc－address. YGSDMI1. NN1\</name\>	
\<value\>NN1：8020\</value\>	//NameNode 通信地址
\</property\>	//还需要配置 NN2 的地址，简化操作不做配置
	//还需要配置 NN2 的通信地址
\<property\>	
\<name\>dfs. namenode. http－address. YGSDMI1. NN1\</name\>	
\<value\>NN1：50070\</value\>	//NameNode 管理地址
\</property\>	//还需要配置 NN2 的地址，简化操作不做配置
	//还需要配置 NN2 的管理地址

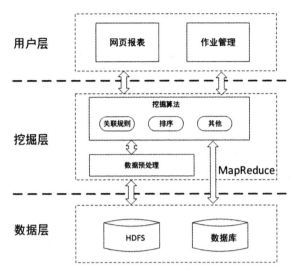

图 12-3　出租车营运分析系统模块设计图

（2）挖掘层。

挖掘层主要包含数据预处理和基于 MapReduce＋Apriori 的并行关联规则挖掘算法模块。首先，将出租车的源数据进行预处理，筛选掉 GPS 设备在提交数据时的噪声数据，保证挖掘分析过程中数据的质量。另外，针对不同的数据挖掘需要不同的数据，为了对数据进行快速的关联分析，必须提前对数据进行精心的筛选处理。最后，通过关联规则算法 Apriori 针对不同的数据集进行关联分析，将关联结果与实际数据相匹配得到最终的结果。

（3）用户层。

用户层主要实现用户的作业提交和数据挖掘结果的报表功能展示。作业提交实现对用户文件的提交以及作业任务的提交，报表功能实现对作业结果的可视化展示，如折线图、地图、散点图等。

系统的体系结构为 3 层浏览器/服务器结构（B/S 结构），该架构的优点是普通用户只需通过 Web 浏览器和网络，即可使用客户端的所有功能，不需要安装其他软件，减轻服务器负担，B/S 架构设计如图 12-4 所示。

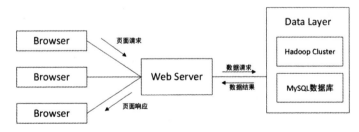

图 12-4　B/S 的架构设计

使用 B/S 架构维护和升级方式简单，客户端即浏览器不需要任何维护，只需要针对服务器进行维护即可。该架构没有平台限制，可以运行在 Linux 和 Windows 下。

12.4　HDFS 存储设置

HDFS 是数据存储的中心，在 Hadoop 集群部署时需要考虑到 HDFS 在设计之出的不足，通过合理配置和其他技术手段进行弥补，提供实时的服务，具体如下：

（1）HDFS 高可用功能。

HDFS 是由 NameNode 和 DataNode 两种角色组成，而在默认情况下 NameNode 在整个集群中有且只有一个，是整个分布式文件系统的大脑，一旦出现问题将造成数据无法访问存在单点故障。HDFS 的高可用功能就解决了上述的问题，通过在配置文件中启用 HDFS 高可用功能，选择同一集群中的两个节点配置成为 NameNodes，在任何时候，一个节点处于 active 状态，另一个处于 standby 状态。处于 active 状态的节点响应客户端的操作，而处于 standby 状态的节点仅仅作为一个备用节点，一旦 active 节点出现故障则可手动将备用节点状态设置成 active，保证分布式文件系统的正常服务，HDFS 高可用功能参数配置如表 12-2 所示。

表 12-2　HDFS 高可用功能参数配置

HDFS 高可用功能参数配置	
<property>	
<name>dfs. ha. namenodes. YGSDMI1</name>	//NameNode 集群的唯一标识
<value>NN1，NN2</value>	//最多只允许两台 NameNode
</property>	
<property>	
<name>dfs. namenode. rpc—address. YGSDMI1. NN1</name>	
<value>NN1：8020</value>	//NameNode 通信地址
</property>	//还需要配置 NN2 的地址，简化操作不做配置
	//还需要配置 NN2 的通信地址
<property>	
<name>dfs. namenode. http—address. YGSDMI1. NN1</name>	
<value>NN1：50070</value>	//NameNode 管理地址
</property>	//还需要配置 NN2 的地址，简化操作不做配置
	//还需要配置 NN2 的管理地址

（2）HDFS 元数据同步功能。

HDFS 通过启动 HA 功能可以解决单节点故障问题，但无法解决两个 NameNode 数据同步的问题。由于 NameNode 将分布式文件系统元数据保存在本地，维护整个集群的文件信息，一旦 active 的 NameNode 出现故障，standby 的节点无法获取元素，即使状态变成 active，也无法管理维护整个 HDFS 集群。HDFS 元数据同步功能配置见表 12-3。

表 12-3　HDFS 元数据同步功能参数配置

元数据同步功能参数配置

```
<property>
    <name>dfs. namenode. shared. edits. dir</name>
    //使用 JournalNode 方式存放元数据
    <value>qjournal：//node1：8485；node2：8485；node3：8485/YGSDMI1</value></property>
<property>
    <name>dfs. journalnode. edits. dir</name>
    //元数据存放的位置
    <value>/data/hadoop-2. 7. 3/tmp/journal</value>
</property>
<property>
    <name>dfs. qjournal. write-txns. timeout. ms</name>
    //元数据写入的超时时间，单位为毫秒
    <value>60000</value>
</property>
```

HDFS 通过启用 JournalNodes 功能解决了元数据同步的问题，NameNode 通过与一组 JournalNodes 的服务进程相互通信。当 active 状态的 NameNode 的元数据出现任何改变时，会告知 JournalNodes 进程。standby 状态的 NameNode 将会通过 JournalNodes 进程将元数据同步到本地，与 avtive 状态的 NameNode 元数据保持一致。

（3）HDFS 自动故障转移。

通过以上两点对 HDFS 的功能配置，实现了高可用与元数据同步的问题，但 NameNode 无法通过自动化迁移到备用的 NameNode 节点中，HDFS 在部署的时候需要增加两个组件：ZooKeeper 和 ZKFailoverController（ZKFC）进程，HDFS 自动故障转移配置见表 12-4。

表 12‑4　HDFS 自动故障转移

HDFS 自动故障转移参数配置

```
<property>
    <name>dfs. ha. automatic－failover. enabled. YGSDMI1</name>
    <value>true</value> //开启自动故障转移
</property>
<property>
    <name>dfs. client. failover. proxy. provider. YGSDMI1</name> //故障转移实现类
    <value>
        org. apache. hadoop. hdfs. server. namenode. ha. ConfiguredFailoverProxyProvider
    </value>
</property>
    <property>
        <name>dfs. ha. fencing. methods</name> //隔离机制的实现方式
        <value>sshfence</value>
</property>
<property>
    <name>dfs. ha. fencing. ssh. private－key－files</name>
    <value>/root/. ssh/id _ rsa</value> //使用隔离机制时需要免密码登录
    </property>
```

（4）HDFS 副本策略。

通过配置 HDFS 的副本策略，提高系统可靠性，实现任务在执行 MapReduce 任务的负载均衡和提高访问的效率，减少网络传输的开销。HDFS 默认的副本数是 3 份，客户端上传数据到 HDFS 将随机选择一个负载较小的 DataNode 节点存放数据，根据集群配置的副本策略，则从该数据节点所在的机架中选择一个合适的 DataNode 节点存放一份副本，最后一份副本将选择一个远程机架节点存放。如果 HDFS 配置的副本策略超过 3 份，HDFS 集群则超出部分副本数随机选择若干集群负载较小的 DataNode 节点存放。HDFS 副本策略配置见表 12‑5。

表 12‑5　HDFS 副本放置策略配置

HDFS 副本放置策略配置

```
<property>
    <name>dfs. replication</name>
    <value>3</value>              //数据副本 3 份，可根据集群大小动态调整
</property>
```

12.5　MySQL 关系数据库设计

　　系统选择 MySQL 关系型数据库作为数据挖掘结果的属性的存储，系统主要分为 GPSPoint、TimeCount、TaxiRules 3 个表，分别表示出租车载客热点表、出租车载客峰值表和出租车营运规则分析表。

　　GPSPoint 表有 id、lit、dim、count 4 个字段，其中 id 字段为整数类型且值是自增，lit 字段字符类型用于存储经度数据，dim 字段字符类型用于存储维度数据，count 字段字符类型用于存储载客数量。GPSPoint 表结构见表 12 - 6。

表 12 - 6　GPSPoint 表结构

名	类型	长度	允许空值	主键
id	int	10	否	是
lit	varchar	20	是	
dim	varchar	20	是	
count	varchar	10	是	

　　TimeCount 表有 id、count 两个字段，其中 id 字段为整数类型且值是自增，count 字段存储每个时间段的载客统计值。TimeCount 表结构见表 12 - 7。

表 12 - 7　TimeCount 表结构

名	类型	长度	允许空值	主键
id	int	10	否	是
count	varchar	10	是	

　　TaxiRules 表有 id、Sup、Confidence 3 个字段，其中 id 字段为整数类型且值是自增，Sup 字段存储每条数据的支持度，Confidence 字段存储每个数据的置信度。TaxiRules 表结构见表 12 - 8。

表 12 - 8　TaxiRules 表结构

名	类型	长度	允许控制	主键
id	int	10	否	是
Sup	double	20	是	
Confidence	double	20	是	

12.6 系统实现与结果分析

12.6.1 系统软硬件配置

系统的软件配置如下：

(1) 集群操作系统：RedHat Enterprise Linux 6.5；

(2) 编程语言：JAVA；

(3) IDE 开发工具：Eclipse Mars 2015；

(4) Hadoop 集群相关软件版本：Hadoop 2.7.3，zookeeper3.4.5，JDK1.7；

(5) 关系数据库：MySQL 5.6；

(6) 动态网站技术：JSP 技术；

(7) WEB 服务器：Apache Tomcat 8；

(8) 虚拟机软件：VMware Workstation 11。

系统的硬件配置如下：

(1) DELL 服务器：1 台（通过 VMware 虚拟化为 8 个节点）；

(2) CPU：Intel（R）Xeon CPU E5－2603 v2 @ 1.60 GHz；

(3) 内存：64 GB；

(4) 硬盘：10 TB。

12.6.2 实验数据及其预处理

(1) 实验数据。

本案例所使用的数据源是 2010—2011 年江苏省南京市出租车的营运数据，数据包含了 7 726 辆出租车，共包含 33 042 225 条记录。

数据主要内容通过车载 GPS 设备产生的车辆和载客相关的实时信息，数据字段包含出租车 ID 字段、数据收集时间、经度、维度、速度、方向和载客状态字段，数据集的格式与部分内容见表 12－9。

表 12−9　营运数据部分数据源

VehicleId	Time	Longitude	Latitude	Speed	Direction	Passenger State
806584008859	2010−09−01 00：01：42	118.855 0	31.939 4	0	0	0
806770549907	2010−09−01 00：01：45	118.749 0	32.089 1	30	6	1
806770943693	2010−09−01 00：01：46	118.856 2	32.094 2	26	318	1
806914743134	2010−09−01 00：01：48	118.836 8	31.931 6	0	0	0
806451847007	2010−09−01 00：01：51	118.795 5	32.039 3	20	10	0
806451847099	2010−09−02 12：01：49	118.655 6	32.079 1	30	245	1
806451847056	2010−09−02 12：01：51	118.539 7	32.059 9	50	60	1

表 12−9 中各字段的含义如下：

VehicleId：出租车标识符，出租车在出租车管理部门中唯一的编号；

Time：数据收集时间，时间格式为 YYYY−MM−DD hh：mm：ss；

Longitude/ Latitude：经度/维度，以地球表面某点随地球自转所形成的轨迹；

Speed：速度，以千米/小时计算；

Direction：方向，与正北方向的夹角度数；

PassengerState：载客状态，1 为载客，0 为空车。

（2）数据预处理。

针对案例研究，在挖掘分析时需要使用不同数据字段集，需要预先对原始数据进行相应的属性过滤，通过属性过滤将挖掘分析过程中使用不到的属性字段过滤掉，生成不同的样本数据；另外，还需要对原始数据集进行分析，并对部分属性字段进行数据调整等。由于 GPS 设备在通信过程中容易受到周围环境的影响，如天气、建筑物、隧道等因素，会产生不正确的数据或影响 GPS 通信的中断，造成数据丢失。另外，GPS 设备长期的使用会出现设备老化，影响 GPS 设备定位精度，以上情况都有可能导致 GPS 数据中存在噪声数据。

此外，通过对江苏省南京市的经纬度分析，南京市位于江苏省西南部，北纬 31 度 14 分至 32 度 37 分，东经 118 度 22 分至 119 度 14 分，所以，不满足南京市所在的经纬度的数据均视为不合格的数据。图 12−5 的数据记录就超过南京市的地理位置，数据不符合要求，不能用于挖掘分析。

图 12−5　部分不正确格式数据

12. 6. 3　系统 Hadoop 集群的配置

本案例系统后台使用 Hadoop 云平台实现对数据挖掘分析，通过 8 台计算机来搭建 Hadoop 集群，8 台节点安装使用 RedHat Enterprise 6.5 操作系统。在第 4 章中介绍过 HDFS 云存储的设计，通过配置 HDFS 高可用（HA）、自动故障转移、元数据同步功能，解决 NameNode 的单点故障，在 MapReduce 中，整个集群只有一个 ResoucerManager，可以有多个 NodeManager。所以 8 台机器中，2 台作为 NameNode 节点（其中一台用作 HA 的备用节点），3 台作为 DataNode 和 JournalNode 节点（作为元数据同步节点），最后 3 台作为 Zookeeper 仲裁节点实现集群服务的自动故障切换功能。集群中 8 台机器的设置见表 12 - 10。

表 12 - 10　集群角色配置表

机器名	IP 地址	角色
namenode1	192. 168. 100. 1	NameNode，ResoucerManager，ZKFC
namenode2	192. 168. 100. 2	NameNode，ZKFC
datanode1	192. 168. 100. 3	DataNode，JournalNode，NodeManager
datanode2	192. 168. 100. 4	DataNode，JournalNode，NodeManager
datanode3	192. 168. 100. 5	DataNode，JournalNode，NodeManager
zookeeper1	192. 168. 100. 6	QuorumPeerMain
zookeeper2	192. 168. 100. 7	QuorumPeerMain
zookeeper3	192. 168. 100. 8	QuorumPeerMain

以上对 8 台机器的角色安排，在开始配置集群前需要保证所有机器的网络正常，可以在各计算机之间通过 ping 命令进行网络检测。

（1）JDK 安装与配置。

考虑到系统的稳定性与编程开发，都选用了 64 位的 JDK 1.7 版本。通过从 Oracle 官网下载获取 jdk－7u79－linux－x64. tar. gz 压缩包，将 JDK 压缩包上传到 Linux 服务器，在根目录建立一个/data 目录，用于存放所有的数据文件。通过 tar 命令对文件解压至/data 目录下，最后通过配置/etc/profile 文件末尾添加配置 JAVA _ HOME 环境变量，实现对 java 命令的直接访问。以上所述配置需要在所有机器上都执行，具体配置见表 12 - 11。

表 12-11　JDK 具体配置

JDK 具体配置
〔ygsdmi@zk1 ~〕＄mkdir －p /data
〔ygsdmi@zk1 ~〕＄tar zxvf /root/jdk－7u79－linux－x64. tar. gz － C /data
〔ygsdmi@zk1 ~〕＄vim /etc/profile
export JAVA _ HOME＝/data/jdk1. 7. 0 _ 79　　//编辑 profile 文件添加
export PATH＝＄PATH：＄JAVA _ HOME/bin

（2）SSH 免密码配置。

NameNode 需要通过 SSH 协议与其他机器进行交互，通过 SSH 协议连接其他节点需要密码授权，在集群管理中不能自动完成，为了节点间的通信变得简单，通过配置 SSH 免密码登入，实现免密码交互。

在两台 NameNode 上使用 ssh－keygen 命令生成密钥，通过 ssh－copy－id 命令将生成的密钥串拷贝到其他所有节点。通过上述配置，集群中 NameNode 通过 SSH 协议连接到其他节点都不需要输入密码就可以执行命令了。

（3）Hadoop 配置。

通过第 4 章对 HDFS 云存储的设计，选择使用 Hadoop 2.0 分支版本，选择目前官方最新的稳定版本 Hadoop2.7.3。由于 Apache 官方没有提供 64 位的 Hadoop 软件包，只提供了源码包，所以需要对源码进行编译后生成。通过编译生成的软件包 hadoop－2.7.3. tar. gz。下面介绍系统需求对 Hadoop 进行配置过程。

将编译好的 Hadoop 文件通过 tar 命令解压至/data 目录，并在 profile 文件下配置 HADOOP _ HOME 环境变量，方便 Hadoop 命令的访问。以上配置需要在所有的 NameNode、DataNode 节点上执行，具体配置见表 12-12。

表 12-12　Hadoop 环境变量配置

Hadoop 环境变量配置
〔ygsdmi@zk1 ~〕＄tar zxvf /root/hadoop－2. 7. 3. tar. gz －C /data/
〔ygsdmi@zk1 ~〕＄vim /etc/profile　　　　　//环境变量文件
export HADOOP _ HOME＝/data/Hadoop－2. 7. 3　　//添加环境变量
export PATH：＄PATH：＄JAVA _ HOME/bin：＄HADOOP _ HOME/bin

在 HADOOP _ HOME 下定位到 etc/Hadoop 目录，通过配置 hadoop _ env. sh 文件指定系统的安装的 JDK，指定绝对路径。以上操作在 NameNode、DataNode 上都要执行。

在 HADOOP _ HOME 下定位到 etc/Hadoop 目录，将所有 DataNode 的 IP 地址填写到 slaves 文件。

按表 12-13 和表 12-14 中的配置方式，配置 HADOOP _ HOME 下 etc/Hadoop 目录的 hdfs－site. xml、core－site. xml、mapred－site. xml 文件。由于在第 4 章 HDFS 云存储的设计中介绍过 HDFS 的配置，所以对 hdfs－site. xml 配置可参考第 4 章，以上步骤在

NameNode 和 DataNode 上都需要执行。

表 12 - 13   core—site. xml 配置

core—site. xml 配置

```
<property>
    <name>fs. defaultFS</name>
    <value>hdfs：//YGSDMI1：8020</value>
</property>
<property>
    <name>hadoop. tmp. dir</name>
    <value>/data/hadoop—2. 7. 3/tmp</value>
</property>
<property>
    <name>fs. viewfs. mounttable. default. link. /YGSDMI1</name>
    <value>hdfs：//YGSDMI1：8020</value>
</property>
<property>
    <name>ha. zookeeper. quorum</name>
    <value>zk1：2181，zk2：2181，zk3：2181</value>
</property>
```

表 12 - 14   mapred—site. xml 配置

mapred—site. xml 配置

```
<property>
<name>MapReduce. framework. name</name>
    <value>yarn</value>
</property>
<property>
<name>MapReduce. admin. map. child. java. opts</name>
    <value>—Xmx2048m</value>
</property>
<property>
    <name>MapReduce. admin. reduce. child. java. opts</name>
```

续表

mapred－site. xml 配置

```
<value>－Xmx4096m</value>
</property>
<property>
   <name>mapred. map. child. java. opts</name>
   <value> －Xmx1024m </value>
</property>
<property>
<name>mapred. reduce. child. java. opts</name>
   <value> －Xmx2048m </value>
</property>
```

　　从 Apache 下载获取 zookeeper 并上传到对应的节点上，通过 tar 命令将软件解压至 /data目录下，在解压后的目录下定位到 bin 目录下通过指定 zkServer. sh start 命令启动服务，通过 jps 命令可以对启动的进程进行查看，以上操作在所有 zookeeper 节点上都需要执行，具体配置如下所示：

```
[ygsdmi@zk1 ~] $ source /etc/profile
[ygsdmi@zk1 ~] $ tar zxvf /root/zookeeper－3. 4. 5. tar. gz －C /data/
[ygsdmi@zk1 ~] $ cd /data/zookeeper－3. 4. 5/conf/
[ygsdmi@zk1 conf] $ mv ./zoo _ sample. cfg ./zoo. cfg
[ygsdmi@zk1 conf] $ echo server. 1＝zookeeper1：2888：3888 >>./zoo. cfg
[ygsdmi@zk1 conf] $ eecho server. 2＝zookeeper2：2888：3888 >>./zoo. cfg
[ygsdmi@zk1 conf] $ eecho server. 3＝zookeeper3：2888：3888 >>./zoo. cfg
[ygsdmi@zk1 conf] $ /data/zookerper－3. 4. 5/bin/zkServer. sh start
[ygsdmi@zk1 conf] $ /data/zookerper－3. 4. 5/bin/zkServer. sh status
[ygsdmi@zk1 conf] $ jps
```

　　最后，通过格式化 NameNode 和 ZKFC 为启动做准备，在格式化没有出错的情况下，需要通过两步骤将集群启动：

　　（1）在充当 JournalNodes 的节点上启动该进程，具体如下：

```
[ygsdmi@datanode1 ~] $ source /etc/profile
[ygsdmi@datanode1 ~] $ cd /data/Hadoop－2. 7. 3/sbin/
[ygsdmi@datanode1 ~] $ /hadoop－daemon. sh start journalnode
[ygsdmi@datanode2~] $ cd /data/Hadoop－2. 7. 3/sbin/
[ygsdmi@datanode2 ~] $ /hadoop－daemon. sh start journalnode
[ygsdmi@datanode3 ~] $ cd /data/Hadoop－2. 7. 3/sbin/
[ygsdmi@datanode3 ~] $ /hadoop－daemon. sh start journalnode
```

```
[ygsdmi@datanode3 ~] $ jps
```

（2）在 NameNode 上启动 ZKFC、NameNode、ResoucerManager 服务，并通过配置好的 SSH 免密钥登入远程启动所有的 DataNode。NodeManager 具体如下：

```
[ygsdmi@namenode1 ~] $ source /etc/profile
[ygsdmi@namenode1 ~] $ cd /data/Hadoop-2. 7. 3/sbin/
[ygsdmi@namenode1 ~] $ ./hadoop-daemon. sh start zkfc
[ygsdmi@namenode1 ~] $ ./hadoop-daemon. sh start namenode
[ygsdmi@namenode1 ~] $ ./hadoop-daemon. sh start namenode
[ygsdmi@namenode1 ~] $ ./hadoop-daemons. sh start datanode
[ygsdmi@namenode1 ~] $ ./start-yarn. sh start resoucermanager
[ygsdmi@namenode2 ~] $ /data/Hadoop-2. 7. 3/sbin/
[ygsdmi@namenode2 ~] $ ./hadoop-daemon. sh start zkfc
[ygsdmi@namenode2 ~] $ ./hadoop-daemon. sh start namenode1
[ygsdmi@namenode2 ~] $ jsp
```

12. 6. 4 分析结果的可视化

本案例使用 JSP 技术开发前台系统，通过 JavaScript 调用百度地图、简数 CDN 图表提供的 API 接口，通过读取数据库的数据实现对数据挖掘结果可视化展示。

（1）通过 JavaScript 调用百度地图 API 构建出一张中国地图，通过 JavaScript 创建的地图实例，设置南京市的经纬度，实现对南京市地图的展现。系统实现代码如下：

```
<script type=" text/javascript" >
    var map = new BMap. Map (" container"); // 创建地图实例
    var point = new BMap. Point (118. 8109，31. 973);
    map. centerAndZoom (point，15); // 初始化地图，设置南京市坐标和地图级别
    map. enableScrollWheelZoom (); //允许滚轮缩放
    var points = [ {" lng": 118. 450，" lat": 31. 9373，" count": 4},
        {" lng": 118. 4830，" lat": 32. 1011，" count": 301,}
        {" lng": 119. 1114，" lat": 31. 0331，" count": 5,];
heatmapOverlay = new BMapLib. HeatmapOverlay ( {" radius": 20});
map. addOverlay (heatmapOverlay);
heatmapOverlay. setDataSet ( {data: points，max: 100});
function openHeatmap () { heatmapOverlay. show ();} //显示热力图
function closeHeatmap () { heatmapOverlay. hide ();} //关闭热力图
closeHeatmap ();
//设置热力图颜色、范围等参数
```

```javascript
function setGradient () {
    var gradient = {};
    var colors = document. querySelectorAll (" input [type='color]");
    colors. forEach (function (ele) {
        gradient [ele. getAttribute (" data-key")] = ele. value; });
    heatmapOverlay. setOptions ( {" gradient": gradient});
}

    //判断浏览器是否支持 canvas
function isSupportCanvas () {
    var elem = document. createElement ('canvas');
    return !! (elem. getContext && elem. getContext ('2d'));
}
</script>
```

（2）通过 JavaScript 调用简数 CDN 的图表接口，实现对数据的展现，实现核心代码如下：

```javascript
<script type=" text/javascript" >
  $ (function () {
    $ ('#container'). highcharts ( //实例图表
      {
      xAxis : { //设置 x 轴
        categories :[ '00', '01', '02', '03', '04', '05',
                    '06', '07', '08', '09', '10', '11', '12', '13',
                    '14', '15', '16', '17', '18', '19', '20', '21',
                    '22', '23', '24' ]
      }
      //设置 y 轴
      yAxis : {plotLines: [ {value: 0, width: 1, color: '#808080'}]},
      tooltip : {valueSuffix : ' 人 '},
      series : [ { name : '2010-09-01', data :[]},
          { name : '2010-09-02', data :[]} ]
    });
  });
</script>
```

系统图标界面的实现如图 12-6 所示。

图 12‑6 图表界面的实现

12.6.5 系统运行结果分析

（1）出租车载客热点分析的实现。

以时间、经纬度、载客状态为数据统计和分类的基本单元。通过对南京全市两天里载客热点路段的统计展现，将经纬度与载客峰值通过百度地图叠加以热力图方式可以看出，载客热点路段以莫愁湖公园为中心周边路段为南京城市载客热点的主要区域。

（2）出租车载客峰值分析的实现。

以时间、经纬、载客状态为数据统计和分类的基本单元。图 12‑7 是对南京全市两天里各个时间段范围内的载客统计量。可以看出，每天早晨 6 点以后载客量直线增加，由于城市居民陆续的出行，在 9 点左右会出现第一个载客峰值；14 点左右会出现第二个载客峰值，17 点左右会出现第三个载客峰值，到了晚上由于居民陆续回到居住地休息在 21 点左右会出现第四个载客峰值。

（3）出租车营运规则分析的实现。

通过关联规则算法 Apriori 对营运数据的经度、维度和载客状态进行关联分析，发现载客热点与载客热点之间存在的关系。由于数据量太大，单机环境在挖掘分析中消耗大量时间，所以 MapReduce＋Apriori 进行并行挖掘分析。通过关联分析后的结果展示，通过分析可推演和感知调度相应的城市出租车运行方案。

（4）对比实验分析。

为了验证 MapReduce＋Apriori 并行数据挖掘的效率，从原始数据中分别筛选出 2 万条、5 万条、10 万条、30 万和 100 万条数据进行实验研究。通过对单机系统与 Hadoop 集群进行速度测试，实验结果如图 12‑8 所示。

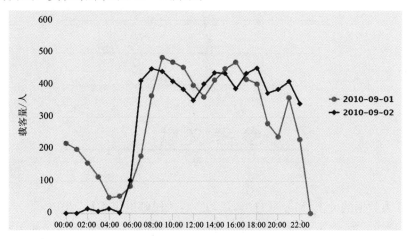

图 12‑7　出租车载客峰值

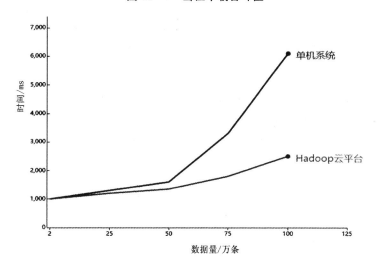

图 12‑8　单机系统和 Hadoop 集群运行速度对比

通过图 12‑8 的观察可以看出，在 5 万条数据左右，两者在处理相同数据的时间消耗没有太大差别，当数据继续增长后两者之间速度差异开始变大，单机系统处理数据耗时随着数据的增长而直线上升，Hadoop 集群则缓慢上升，没有很大的波动。实验表明，MapReduce＋Apriori 并行数据挖掘的效率比单机系统要高，在对海量数据挖掘分析时具有很大的优势。

此外，对比单机系统与 Hadoop 集群多次关联分析的平均结果可知，在置信度分别为 0.7、0.8 和 0.9 时，单机系统和 Hadoop 集群关联分析的平均精度都维持在 80％左右。所以，基于 Hadoop 集群的 MapReduce 并行处理并不会对关联分析的精度造成较大影响，反而在数据分析的速度上有很大的提升。

参 考 文 献

[1]城田真琴. 大数据的冲击[M]. 周自恒,译,北京:人民邮电出版社,2013.

[2]周宝曜,刘伟,范承工. 大数据——战略·技术·实践[M]. 北京:电子工业出版社,2013.

[3]周苏. 人机交互技术[M]. 北京:清华大学出版社,2016.

[4]史蒂夫·洛尔. 大数据主义[M]. 胡小锐,朱胜超,译. 北京:中信出版集团,2015.

[5]SIMON P. 大数据应用——商业案例实践[M]. 漆晨曦,等译. 北京:人民邮电出版社,2014.

[6]LENNAN J M. 数据挖掘原理与应用[M]. 2版. 董艳,等译. 北京:清华大学出版社,2010.

[7]维克托·迈尔-舍恩伯格,肯尼思·库克耶. 大数据时代[M]. 盛杨燕,周涛,译. 杭州:浙江人民出版社,2013.

[8]FRANKS B. 驾驭大数据[M]. 黄海,车皓阳,王悦,等译. 北京:人民邮电出版社,2013.

[9]吴岳忠,周训志. 面向 Hadoop 的云计算核心技术分析[J]. 湖南工业大学学报,2013,27(13801):77-80.

[10]黄晓云. 基于 HDFS 的云存储服务系统研究[D]. 大连:大连海事大学,2010.

[11]舒康. 基于 HDFS 的分布式存储研究与实现[D]. 成都:电子科技大学,2014.

[12]杨宸铸. 基于 HADOOP 的数据挖掘研究[D]. 重庆:重庆大学. 2010.

[13]曹风兵. 基于 Hadoop 的云计算模型研究与应用[D]. 重庆:重庆大学,2011.

[14]张得震. 基于 Hadoop 的分布式文件系统优化技术研究[D]. 兰州:兰州交通大学,2013.

[15]许春玲,张广泉. 分布式文件系统 Hadoop HDFS 与传统文件系统 LinuxFS 的比较与分析[J]. 苏州大学学报(工科版),2010,30(14504):5-9.

[16]李文栋. 基于 Spark 的大数据挖掘技术的研究与实现[D]. 山东:山东大学,2015.

[17]刘峰波. 大数据 Spark 技术研究[J]. 数字技术与应用,2015,9:90-92.

[18]黎文阳. 大数据处理模型 Apache Spark 研究[J]. 现代计算机(专业版),2015,8:55-60.

[19]王芸. 物联网、大数据分析和云计算[J]. 上海质量,2016(31903):49-51.

[20]夏元清. 云控制系统及其面临的挑战[J]. 自动化学报,2016(4201):1-12.

[21]范艳. 大数据安全与隐私保护[J]. 电子技术与软件工程,2016(7501):227.

[22]姚莉."互联网＋"时代教育模式的探讨[J].科技视界,2016(16203):191-192.

[23]王玲,彭波."互联网＋"时代的移动医疗 APP 应用前景与风险防范[J].牡丹江大学学报,2016,25(19701):157-160.

[24]王佳慧,刘川意,王国峰,等.基于可验证计算的可信云计算研究[J].计算机学报,2016,39(39802):286-304.

[25]刘川意,王国峰,林杰,等.可信的云计算运行环境构建和审计[J].计算机学报,2016,39(39802):339-350.

[26]邓建玲.能源互联网的概念及发展模式[J].电力自动化设备,2016,36(26303):1-5.

[27]杨田贵.云计算及其应用综述[J].软件导刊,2016,15(16103):136-138.

[28]刘建庆.云计算安全研究[J].电子技术与软件工程,2016(7602):208.

[29]张蕾,李井泉,曲武,等.基于 SparkStreaming 的僵尸主机检测算法[J].计算机应用研究,2016,(5):1-9.

[30]赵刚.大数据技术与应用实践指南[M].北京:电子工业出版社,2013.

[31]程永.智慧的分析洞察[M].北京:电子工业出版社,2013.

[32]刘刚,舒戈.SAPHANA 实战[M].北京:机械工业出版社,2013.

[33]胡健,轶东.SAP 内存计算－HANA[M].北京:清华大学出版社,2013.

[34]徐莲萌.SAPHANA 内存计算技术项目实战指南[M].北京:清华大学出版社,2012.

[35]魏玲,魏永江,高长元.基于 Bigtable 与 MapReduce 的 Apriori 算法改进[J].计算机科学,2015,10(42):208-211.

[36]郝晓飞.谭跃生,王静宇.Hadoop 平台上 Apriori 算法并行化研究与实现[J].计算机与现代化,2013(13):1-5.

[37]毛卫俊.基于云平台的并行关联规则挖掘算法研究[D].上海:华东理工大学,2013.

[38]崔日新.大规模数据挖掘聚类算法的研究与实现[D].西安:西安电子科技大学,2013.